오차의
조사방법

LISREL 포함

조규진

ERROR & LISREL
METHODOLOGY

박영사

본서를 쓴 동기는 20년 넘게 조사방법론을 강의하다가 생긴 SPSS에 내재된 수리통계적 알고리즘에 대한 궁금증이다. 이러한 궁금증을 체계화하면서, 대부분의 다변량분석에 대한 조사방법통계는 오차를 분석하는 데에서 출발한다는 것을 알게 되었다. 그리하여 오차를 중심으로 다변량분석 중심의 조사방법통계를 수리적으로 체계화시킬 수 있다는 생각이 들었다.

통계적 분석으로 이루어진 대부분의 예측선은 관찰치의 오차를 최소화하려는 선이기에, 오차는 통계적 예측선의 기본을 이루고 있는 것이다. 단일차원의 오차가 점점 복잡해지면 분산—공분산행렬이 되는데, 본서에서는 이러한 일련의 오차와 관계된 수리적 연결체계도 설명할 것이다.

본서는 조사방법론과 수리통계학을 합한 책이라고 볼 수 있다. 그런 수리적인 성질을 가지고 있기 때문에, 모든 오차를 통해 조사방법에 대한 수리적 연결고리를 볼 수 있는 특성이 있는 것이다. 그럼에도 불구하고, 조사방법론으로의 본서는 정통적인 수리통계학의 체계와 전혀 다름은 당연하다. 그리하여 본서는 수학이나 통계학을 공부하는 사람에게는 별도움을 주지 못하나, 조사방법론에 관심이 많은 사회과학 전공이나 의학 전공 및 교육학 전공하는 독자는 많은 도움을 줄 것이다.

조사방법론에 대해 각각의 방법이 병렬적으로 되어 있다고 생각하기에, 보통 그 공식들을 외워 조사방법통계에 대입만 하고 있는 경우가 많다. 그런데, 이런 방법으로는 조사방법론을 제대로 이해할 수 없을 것이다. 그 이유는 조사방법론의 내부적 구조는 오차를 중심으로 직렬적으로 연결되어 있기 때문이다. 본서는 이러한 오차중심의 조사방법론의 내부적 체계를 보여주기 위해, 수리적 전개를 한 것이다.

졸저 "조사방법통계 – 정규분포와 관련하여"가 출판될 당시에는, 곧 바로 본서를 쓰려고 하였었다. 왜냐하면 정규분포의 식 자체에 오차가 내재되어 있어, 그 연결고리를 찾기 쉽기 때문이다. 그러나 그 책이 출판된 지 5년에 가까워서야 본서를 출판화게 된 것은, 분명히 본인의 게으름이 제일 원인일 것이다. 그럼에도 늦은 출판의 이유가 좀 더 정확하게 책을 내어 보자는 본인의 신중함도 있었다는 점을 독자가 이해해 준다면, 본인으로서는 매우 고마울 것이다.

"~정규분포"에 있는 회귀분석, 분산분석 및 판별분석 등은 오차와 관계된 조사방법통계일 지라도, 본서는 다루지 아니할 것이다. 회귀분석, 분산분석 및 판별분석 등은 오차의 속성을 가지고 있는 정규분포의 성질을 기본으로 하고 있기 때문이다. 정규분포로 접근하는 것과 오차로 접근하는 것의 수리적 전개식은 대동소이한 것이며, 분산－공분산행렬과 같이 정규분포도 오차의 특수한 형태인 것이다.

그리하여 본서에서는 정규분포의 성질과 관련이 없고 오차의 성질만을 가지고 있는 χ^2분석, 상관분석, 요인분석, LISREL 등만을 다룬다. 그런 맥락에서, 본서의 체계는 1장에서 오차의 내용을 다루고, 2장에서는 오차와 관계된 조사방법인 χ^2분석, 상관분석, 요인분석, LISREL 등을 다루는 내용으로 되어있다.

본서를 출판하게 된 것은 광운대학교의 2013년도 교내연구비 덕분이다. 그리고 본서를 있게 한 것은 필자를 낳아준 부모님과 학문의 부모님이신 은사님 덕분이다. 물론 묵묵히 후원해준 가족이 없었다면 본서는 나오지 않았을 것이다. 마지막으로 감수 정도의 교정을 해준 박범철 박사와 어려운 교정을 맡아준 박사과정의 장영, 강지은에게 감사를 드린다.

연구실에서

목 차

Survey Method

제 **1** 장

오차에 대한 설명

1. CHAPTER 오차에 대한 설명

1.1. 오차의 개념과 명칭

본서는 확률변수 x_i의 실측치와 평균의 차이, 즉 오차를 중심으로 조사방법을 설명하고자 한다. 오차(error)란 확률변수와 그에 대한 평균과의 차이를 말한다[1]. 이를 수식으로 표현하면

$$e_i = x_i - \mu_{x_i}$$

가 되는데, 확률변수(random variable) x_i에 대한 평균을 정확히 표시하면

$$\mu_{x_i} = \sum x_i \cdot p_i$$

---

1) 개념적인 용어인 확률변수나 차후 설명되는 표준화변수를 말할 때, X_i 나 Z_i로 표기하는 것이 일반적이다. x_i나 z_i는 확률변수나 표준화변수에 대응하는 어떤 표본에 대해 조사한 실측치일 뿐이다. 그러나 편의상 확률변수나 표준화변수를 말할 때에도 흔히 x_i나 z_i를 쓰는 경우도 많아, 본서에서도 x_i나 z_i를 쓸 때에는 변수를 뜻하기도 하고 실측치를 뜻한다.

이기에, 오차의 의미는

$$e_i = x_i - (\sum x_i \cdot p_i)$$

이다[2]. 그리고 확률변수 x_i에 대한 실측치와 평균의 차이를 나타내는 용어로는 보통 편차, 오차 및 잔차라는 용어를 혼용하고 있으나, 그러한 용어는 모두 실측치와 대표치의 차이를 말하는 것이다. 또한 수식으로 쓸 경우 두 집단의 분포를 다루는 분산분석에서는

$$e_i = x_i - \bar{x}$$

로 사용하고, 모집단과 표본집단을 다루는 표본집단분석에서는

$$e_i = \bar{X_i} - \mu$$

을 사용한다[3]. 또한 2차원의 회귀선을 다루는 회귀분석에서는

---

2) 확률변수 x_i에 대한 확률 p_i는 x_i에 대한 확률함수가 되므로, $p_i = f(x_i)$로 표시할 수 있다. 확률변수 x_i에 대한 확률함수 $f(x_i)$란 확률변수 x_i가 발생할 확률을 말한다. 즉, 확률변수 x_i에 대한 확률 p_i는 함수의 속성을 가지는 확률함수 $f(x_i)$가 된다.

3) 표본집단분석이나 분산분석 모두의 경우, 모집단의 평균은 μ로, 소집단의 평균은 $\bar{x}$로 나타낸다.

$$\epsilon_i$$

$$= y_i - \hat{y}_i$$

$$= y_i - (\hat{\alpha} + \hat{\beta} x_i)$$

로 쓰는데, 모두 실측치와 대표치의 차이를 사용목적에 맞
게 변형시켰을 뿐이다[4].

확률변수와 평균의 차이($e_i = x_i - \mu$, $e_i = \overline{X}_i - \mu$ 및
$\epsilon_i = x_i - \overline{x}$)가 일차원이라면, 회귀분석에서 실측치와 대
표치의 차이인 오차($y_i - \hat{y}_i$)는 x와 y좌표의 2차원과 관계
되는 식이라 할 수 있다. 왜냐하면 $y_i = \alpha + \beta x_i + \epsilon_i$ 이
나 $\hat{y}_i = \hat{\alpha} + \hat{\beta} x_i$가 x와 y좌표의 2차원과 관계되기 때문
이다. x와 y좌표의 2차원이라는 뜻은 회귀분석에서 독립
변수 x_i와 종속변수 y_i에 대한 2개의 차원으로 해석된다[5].

---

4) 물론 오차에 대한 수학부호도 e_i 또는 ϵ_i로 쓰이고 있는데, 이 또한 실
측치와 대표치의 차이라는 개념일 뿐이다.

5) 편차, 오차 및 잔차라는 용어는 실측치와 평균의 차이인 $\epsilon_i = y_i - \hat{y}_i$
또는 $\epsilon_i = x_i - \overline{x}$라는 의미에서 같은 개념이다. 영어도 deviation,
error, alienation 및 residual 등으로 쓰이고 있는데, 모두 실측치와 평
균의 차이라는 점에서 같은 개념이다. 또한 수학부호도 e_i 또는 ϵ_i로
쓰이고 있는데, 이 또한 실측치와 평균의 차이라는 점에서 같은 개념
이다. 단지 한 개의 확률변수가 있을 때의 x_i에 대한 것이냐, 두 개의
확률변수가 있을 때 독립변수 x_i의 종속변수인 y_i에 대한 것이냐에 따

1.2.1. 오차의 합

조사방법을 하는 데에 있어서는 N 개의 표본량을 가진 모집단을 가정해야 한다는 점에서, 확률변수 x_i가 얼마나 퍼져있느냐를 판단한다면 오차$(x_i - \mu)$를 그대로 쓸 수 있느냐 하는 문제가 발생한다. 조사방법을 하는 데에 있어서는 1개만의 표본량이 있는 것이 아니라, N 개의 표본량을 가진 모집단을 조사해야 하기 때문이다.

N 개의 표본량을 가진 모집단에서 확률변수 x_i가 얼마나 퍼져있느냐를 판단하는 데에는, 어떤 수리적 방법을 쓸 것인가 하는 문제가 발생한다. 일단 모집단분포의 퍼짐정도를 구하는 데에는, 확률변수 x_i의 실측치와 평균의 차이로서의 오차라는 개념으로서의 수식인

$$e_i = x_i - \mu$$

를 쓰면 정확한 것 같이 보인다. 왜냐하면 분포의 퍼짐정

라 관습적으로 달리 쓰이고 있긴 하나, 모두 같은 개념이다. 그럼에도 불구하고, 본서는 관습에 따르기로 하여, 편차, 오차 및 잔차라는 용어를 달리 쓰기도 할 것이다.

도라는 자체가 확률변수와 평균의 차이라는 의미이고, 이러한 오차를 기준으로 퍼짐정도를 구하는 것이 가장 간단하기 때문이다.

그렇게 되면 N 개의 표본량을 가진 모집단분포의 퍼짐정도를 구하는 산포도는 위의 오차에 빈도수를 곱한

$$\frac{1}{N}\sum[(x_i - \mu) \cdot f_i]$$

를 얻는 것이 제일 편리하다[6].

그러나 이와 같은 방법으로 산포도를 구한 경우에는 오차의 부호가 ±로 되어 값이 상쇄되어, 오차를 기준으로 모집단 산포도의 크기를 계산하는 것은 옳은 방법이 아니다.

이 문제를 극복하기 위해 모집단 오차에다 절대값을 붙인 개념으로서의 모집단 평균편차(mean deviation)인

$$MD_x \;=\; \frac{1}{N}\sum[|x_i - \mu| \cdot f_i]$$

을 사용하여야 한다.

---

6) f_i는 도수 또는 빈도수(frequency)를 말하고, N는 총빈도수를 뜻한다. $\frac{f_i}{N}$는 상대도수라 하며, 확률(p_i)의 의미를 가진다.

1.2.2. 오차제곱의 합

그런데, 1.2.1.에서 설명한

$$MD_x = \frac{1}{N}\sum[|x_i - \mu| \cdot f_i]$$

는 절대값 때문에 수학적으로 조작하기 불편하다. 이러한 불편함을 극복하기 위해 평균편차에 제곱을 하여 모집단의 분산(variance)인

$$\sigma_{x_i}^2 = \frac{1}{N}\sum[(x_i - \mu)^2 \cdot f_i]$$

을 사용하여 산포도를 구한다[7].

이 또한 주어진 자료단위를 제곱한 상태이기 때문에, 확률변수 x_i의 차원과 같이 하기 위해서는 분산의 제곱근을 구하는 것이 가장 좋다고 볼 수 있다. 그리하여, 모집단 오차의 크기를 계산하는 데에는 일반적으로 모집단의 표준편차(standard deviation)인

---

7) 원래는 μ가 확률변수 x_i의 평균이기에 μ_{x_i}로 쓰는 것이 정확하고, 확률변수 x_i의 분산인 σ^2도 $\sigma_{x_i}^2$으로 쓰는 것이 정확하다. μ와 σ^2는 확률변수 x_i와 관련이 없는 상수 같이 보일 가능성이 있기 때문이다. 그럼에도 불구하고, 본서에서는 μ와 σ^2를 주로 쓰는 관례에 따라 평균에 대해서는 μ나 μ_{x_i}를 혼용하고, 분산에 대해서는 σ^2와 $\sigma_{x_i}^2$를 혼용한다.

$$\sigma = \sqrt{\frac{1}{N}\sum[(x_i - \mu)^2 \cdot f_i]}$$

을 사용한다.

그런데, 표준편차 또한 제곱근의 형태로 되어 있어 계산하기가 불편하기에, 통계에서는 다음과 같이 오차를 제곱한 것을 합한 의미를 가진 $\sum(x_i - \mu)^2$이 오히려 더 많이 사용된다[8]. $\sum(x_i - \mu)^2$는 분산개념인

$$\sigma^2$$

$$= \sum(x_i - \mu)^2 p_i$$

$$= \sum(x_i - \mu)^2 \frac{f_i}{N}$$

에 쓰인다[9]. 통계는 모집단이나 표본집단과 같은 집단에

---

8) 통계는 확률변수 x_i에 대한 모수(parameter)를 찾아내는 방법이라고도 말할 수 있는데, 모수란 보통 확률변수 x_i를 나타내는 개념인 평균(μ) 및 확률변수와 평균의 차이($x_i - \mu$)를 나타내는 개념인 분산(σ^2)을 말한다.

9) $\sum(x_i - \mu)^2$ 또는 $\sum(x_i - \mu)^2 f_i$을 오차제곱의 합(variation)이라 하고, $\sum(x_i - \mu)^2 \frac{1}{N}$ 또는 $\sum(x_i - \mu)^2 \frac{f_i}{N}$만을 분산을 의미한다. (빈도수가 하나인 $f_i = 1$인 경우, $\sum(x_i - \mu)^2 \frac{f_i}{N}$는 $\sum(x_i - \mu)^2 \frac{1}{N}$가 된다.) 보통 $\sum(x_i - \mu)^2 f_i$와 $\sum(x_i - \mu)^2 \frac{f_i}{N}$를 모두 분산이라고도 하나, 이는 내용이 다른 것이어서 본서에서는 편의와 관계없이 이를 구분한다.

대한 문제이기에, 오차의 의미를 위해서도 실제에 있어서는 합해서 상쇄되는 $(x_i - \mu)$라는 식보다도 $\sum(x_i - \mu)^2 \dfrac{f_i}{N}$ 라는 식

이 더 많이 사용된다. 그만큼 $\sum(x_i - \mu)^2$는 통계에서 매우 중요한 식이라 할 수 있다. 회귀분석에서의 최소자승법도 $\sum(x_i - \mu)^2$에서 $y\,(= \alpha x + \beta)$에 대한 형태인

$$\sum(y_i - \hat{y_i})^2$$

$$= \sum(y_i - \hat{\alpha} - \hat{\beta}\, x_i)^2$$

을 최소로 하는 방법이다.

1.2.3. 공분산

공분산(covariance)은

$$\sigma_{x,y}$$

$$= E\,[\,(X - \mu_x)(Y - \mu_y)\,]$$

의 성질을 갖는다[10]. 또한 공분산은

---

10) 분산이란 공분산의 특수형태이다. 즉, 1.2.2.에서 설명한 분산 σ^2 이란 공분산 $\sigma_{x,y} = E[(X - \mu_x)(Y - \mu_y)]$ 에서, $X = Y$인 경우인 $\sigma^2 = E[(X - \mu)^2]$ 이다.

$$\sigma_{x,y}$$

$$= E[(X-\mu_x)(Y-\mu_y)]$$

$$= E(XY) - \mu_y E(X) - \mu_x E(Y) + \mu_x \mu_y$$

$$= E(XY) - \mu_y \mu_x - \mu_x \mu_y + \mu_x \mu_y$$

$$= E(XY) - \mu_y \mu_x$$

$$= E[XY] - E(X)E(Y)$$

와 같이 편리하게 바꾸어 쓸 수 있다.

특히 공분산을 행렬로 만든 공분산행렬의 경우, 그 공분산 행렬에는 다음과 같이 분산도 포함되기에 공분산행렬이 분산-공분산행렬이 된다. 즉,

$$\Sigma = E[(\underline{X} - \underline{\mu})(\underline{X} - \underline{\mu})']$$

가 된다. 이와 같이 공분산에 대한 행렬식(Σ)은 대각선은 분산이 되고 나머지는 공분산이 되어, 다음과 같이

$$\Sigma$$
$$= E[(\underline{X} - \underline{\mu})(\underline{X} - \underline{\mu})']$$

$$= E\left[\begin{matrix}(X_1 - \mu_1) \\ (X_2 - \mu_2) \\ \vdots \\ (X_p - \mu_p)\end{matrix} \quad (X_1 - \mu_1, \; X_2 - \mu_2, \; \cdots, \; X_p - \mu_p)\right]$$

$$= E\left[\begin{matrix}(X_1 - \mu_1)^2 & (X_1 - \mu_1)(X_2 - \mu_2) & \cdots & (X_1 - \mu_1)(X_p - \mu_p) \\ (X_2 - \mu_2)(X_1 - \mu_1) & (X_2 - \mu_2)^2 & \cdots & (X_2 - \mu_2)(X_p - \mu_p) \\ \vdots & \vdots & & \vdots \\ (X_p - \mu_p)(X_1 - \mu_1) & (X_p - \mu_p)(X_2 - \mu_2) & \cdots & (X_p - \mu_p)^2\end{matrix}\right]$$

$$= \begin{bmatrix}\sigma_{11} & \sigma_{12} & \cdots & \sigma_{1p} \\ \sigma_{21} & \sigma_{22} & \cdots & \sigma_{2p} \\ \vdots & \vdots & & \vdots \\ \sigma_{p1} & \sigma_{p2} & \cdots & \sigma_{pp}\end{bmatrix}$$

나타나기에[11], 공분산행렬이 분산-공분산행렬이 되는 것을 볼 수 있다. 이와 같이 분산-공분산행렬은 $(X - \mu)$ $(X - \mu)'$로 표시되는 바와 같이 원행렬과 전치행렬을 곱한 행렬이다. 그리고 분산-공분산행렬의 대각선은 원행렬의 열에 있는 요소들을 제곱한 것의 합인 분산행렬로 이루어졌고, 대각선을 제외한 다른 요소들은 원행렬의 요소를 두 개씩 곱한 합인 공분산행렬로 이루어졌다.

1.2.4. F값

분산분석에서 주로 쓰이는

$$F = \frac{\sum (\overline{x_j} - \mu)^2 / (k-1)}{\sum\sum (x_{ij} - \overline{x_j})^2 / k(n-1)}$$

---

11) 이와 같이 요소가 오차로 된 행렬을 오차행렬이라 한다.

도 분산의 형태에서 변형된 것이어서, 이 또한 확률변수 x_i의 실측치와 평균의 차이로서의 오차$(x_i - \mu)$의 변형형태임을 알 수 있다. 이의 내용을 알아보면 다음과 같다.

F값은

$$F_{(\nu_1,\, \nu_2)} = s_1^2 \,/\, s_2^2$$

로 정의되는데[12], 여기서

$$s^2$$

$$= \frac{1}{(n-1)} \sum (x_i - \overline{x})^2$$

$$= \frac{\sigma^2}{n-1} \cdot \frac{\sum (x_i - \overline{x})^2}{\sigma^2}$$

$$= \frac{\sigma^2}{n-1} \cdot \chi_\nu^2$$

이다[13]. 여기서

---

12) 2개 이상의 복수표본의 분산을 검정할 때에는, $F_{(\nu_1,\, \nu_2)} = s_1^2 \,/\, s_2^2$을 사용한다.

13) 이는 표본집단의 분산을 의미한다. 그리고 σ^2은 모집단의 분산이며, s^2은 표본집단의 분산이며, ν는 자유도를 말한다.

$$F_{(\nu_1, \nu_2)} = s_1^2 \,/\, s_2^2$$

에다,

$$s^2 = \frac{\sigma^2}{n-1} \cdot \chi_\nu^2$$

를 대입하면,

$$F_{(\nu_1, \nu_2)} = \frac{\chi_1^2 \,/\, \nu_1}{\chi_2^2 \,/\, \nu_2}$$

이 된다. 그런데,

$$\chi^2 = \frac{\displaystyle\sum_{i=1}^{n} (x_i - \overline{X})^2}{\sigma^2}$$

이므로, F값은 수리적으로

$$F_{(\nu_1, \nu_2)}$$

$$= \frac{\dfrac{\sum (x_{i1} - \overline{X_1})^2}{\sigma_1^2} \,/\, (n_1 - 1)}{\dfrac{\sum (x_{i2} - \overline{X_2})^2}{\sigma_2^2} \,/\, (n_2 - 1)}$$

$$= \frac{\sum (x_{1i} - \overline{X_1})^2 \,/\, (n_1 - 1)}{\sum (x_{2i} - \overline{X_2})^2 \,/\, (n_2 - 1)}$$

이 된다.

여기서 분산분석의 경우 2개 집단의 어떤 변수 x_{ij}에 대한 평균이 $\overline{X_1}$과 $\overline{X_2}$이므로, 두 개의 집단 X_1과 X_2의 분산에 대한 검정을 위한 F값은

$$F = \frac{\sum (\overline{x_j} - \mu)^2 \,/\, (k-1)}{\sum\sum (x_{ij} - \overline{x_j})^2 \,/\, k\,(n-1)}$$

가 된다. 이와 같이 분산분석에서 F는 오차를 제곱한 $\sum (x_i - \mu)^2$를 이용하여 수학적으로 전개된 값임을 알 수 있다.

또한 오차를 제곱한 값의 합인 $\sum (x_i - \mu)^2$는 분산분석에서 SST, SSB 및 SSW의 이름으로도 쓰인다. 즉, $\sum (\overline{x_j} - \mu)^2$는 집단간 오차의 제곱을 합친 값(sum of squares between groups: SSB)이고, $\sum\sum (x_{ij} - \overline{x_j})^2$는 집단내 오차의 제곱을 합친 값(sum of squares within groups: SSW)이다. 그리고 $\sum\sum (x_{ij} - \mu)^2$는 오차의 제곱에 대한 총합(sum of squares total: SST)로서, SSB와 SSW를 합친

값이다[14]. 그리하여 F 값은

$$F$$

$$= \frac{SSB / df_b}{SSW / df_w}$$

$$= \frac{\sum(\overline{x_j} - \mu)^2 / df_b}{\sum\sum(x_{ij} - \overline{x_j})^2 / df_w}$$

$$= \frac{\sum(\overline{x_j} - \mu)^2 / (k-1)}{\sum\sum(x_{ij} - \overline{x_j})^2 / k(n-1)}$$

로도 전개될 수 있다.

그런데, 이와 같이 $\sum(x_i - \mu)^2$에 기초하는 SST, SSB 및 SSW는 분산분석에서 뿐 아니라, 회귀분석, 판별분석 및 상관분석 등에서도 사용된다. 즉, 회귀분석에서는

$$R^2 = \frac{SSR_y}{SST_y} = \frac{\sum(\hat{y_i} - \overline{y})^2}{\sum(y_i - \overline{y})^2}$$

로 쓰이고[15], 판별분석에서는

---

14) $SST = SSW + SSB$ 이다.

15) 회귀분석과 관련된 SSE(sum of squared error)는 오차변동이고,

$$K = \frac{SSB_z}{SST_z} = \frac{\sum(\overline{z_i} - \overline{z})^2}{\sum(z_{ij} - \overline{z})^2}$$

로 사용된다.

또한 상관분석에서는

$$r_{xy}$$

$$= \frac{S_{xy}}{s_x s_y}$$

$$= \frac{\sum[(x_i - \overline{x})(y_i - \overline{y})/(n-1)]}{\sqrt{\sum(x_i - \overline{x})^2/(n-1)}\sqrt{\sum(y_i - \overline{y})^2/(n-1)}}$$

$$= \frac{\sum(x_i - \overline{x})(y_i - \overline{y})}{\sqrt{\sum(x_i - \overline{x})^2}\sqrt{\sum(y_i - \overline{y})^2}}$$

로 쓰인다[16].

SSR(sum of squared regression)은 회귀변동이며, SST(sum of squared total)은 전체변동이라 칭한다. 회귀분석에서 이들의 관계는 $SST = SSR + SSE$로서, 분산분석의 $SST = SSW + SSB$와 동일한 관계이다. 단지 $SST = SSR + SSE$의 회귀분석에서는 확률변수 y_i의 오차와 관련하여 최소자승법이나 결정계수를 찾는데 많이 사용되고, $SST = SSW + SSB$의 분산분석에서는 확률변수 x_i의 오차와 관련하여 F값을 구하려는 데에 많이 사용된다. 물론 판별분석에서도 변수(z_i)만 다르지, 오차의 관계에 대한 원칙은 동일하다.

지금까지 본 바와 같이 오차를 제곱한 값의 합인 $\sum(x_i - \mu)^2$ 는 회귀분석, 판별분석, 분산분석 및 상관분석 등에서 여러 형태로 쓰이나, 이 또한 분산개념인

$$\sigma^2 = \sum(x_i - \mu)^2 \frac{f_i}{N}$$

에 기초한 것이라는 것을 알 수 있다.

1.2.5. 표준화변수와 신뢰도

확률변수 x_i를 표준화시킨 표준화변수(standardized variable)인

$$z_i = \frac{x_i - \mu}{\sigma}$$

도 오차($x_i - \mu$)를 표준편차인

$$\sigma_i = \sqrt{\frac{1}{N}\sum[(x_i - \mu)^2 \cdot f_i]}$$

로 나눈 값이며, 당연히 이도 오차에 대한 문제이다[17].

----

16) $r_{xy} = \dfrac{S_{xy}}{s_x s_y}$와 같이, 원래의 상관계수는 분산과 공분산의 개념이다. 그러나 분자분모에서 동일하게 $(n-1)$을 나누어, $\sum(x_i - \mu)^2$ 형태가 되었다.

확률변수 x_i에 대한 정규분포 $N(\mu, \sigma^2)$의 확률분포함수인

$$f(x_i) = \frac{1}{\sigma\sqrt{2\pi}} \exp\left[-\frac{(x_i - \mu)^2}{2\sigma^2}\right]$$

에 대하여 표준화시키면, 표준정규분포의 식

$$f(z_i) = \frac{1}{\sqrt{2\pi}} \exp\left[-\frac{z_i^2}{2}\right]$$

이 된다[18].

지금까지는 표준화변수(z)의 개념에 대해 설명하였는데[19], 표본집단의 표준화변수(z_s)는 다음과 같다.

---

17) 비율에 대한 표준화변수도 위 식과 마찬가지여서, $z_i = \dfrac{x_i - \mu}{\sigma}$ 대신에 $z_i = \dfrac{p_i - np}{\sqrt{npq}}$ 을 적용하면 된다. 여기서 $p(= 1 - q)$는 모집단의 비율 평균이다.

18) 표준정규분포인 $f(z_i) = \dfrac{1}{\sqrt{2\pi}} \exp[-\dfrac{z_i^2}{2}]$에서 z_i가 $\dfrac{x_i - \mu}{\sigma}$이므로, 표준 정규분포 $f(z_i)$도 오차($x_i - \mu$)의 변형형태이다. 물론 이 장의 후반부에 설명하는 신뢰도와 관계가 있는 표본집단의 표준정규분포인 $f(z_s) = \dfrac{1}{\sqrt{2\pi}} \exp[-\dfrac{z_s^2}{2}]$도 오차($x_i - \mu$)의 변형형태이다. 왜냐하면 $z_s = \dfrac{\overline{X_i} - \mu}{\dfrac{\sigma}{\sqrt{n}}}$이기 때문이다.

모집단에서 i번째 추출한 표본집단 X_i가 있다고 할 때, 표본집단 X_i의 평균인 $\overline{X_i}$에 대한 표준화변수는

$$z_s = \frac{\overline{X_i} - \mu}{\dfrac{\sigma}{\sqrt{n}}}$$

인데, z_s는 표본집단의 평균인 $\overline{X_i}$로부터의 모집단 평균 μ에 대한 추정 및 모집단 평균에 대한 검정에서 사용된다[20]. z_s의 표준정규분포는 다음과 같이 평균이 0이고 분산이 1인 식 $S(0,1)$이 된다. 즉

$$E[W]$$

---

19) 표본집단의 표준화변수($z_s = \dfrac{\overline{X_i} - \mu}{\dfrac{\sigma}{\sqrt{n}}}$)와 대응해서 설명할 때에는, 개념으로서의 표준화변수($z = \dfrac{x_i - \mu}{\sigma}$)가 모집단의 표준화변수가 된다. 즉, z는 표준화변수의 개념도 되고, 모집단의 표준화변수도 된다.

20) 표본조사에서와 같이 모집단과 표본집단을 구분하는 경우, 상기한 $z_i = \dfrac{x_i - \mu}{\sigma}$는 모집단의 표준화변수가 된다. 이에 비해, 표본집단의 표준화변수는 $z_s = \dfrac{\overline{X} - \mu}{\sqrt{\sigma^2/n}}$ 이다. 표본집단의 표준화변수인 $\dfrac{\overline{X} - \mu}{\sigma / \sqrt{n}}$ 는 물론 $\dfrac{(\overline{X} - \mu) \cdot \sqrt{n}}{\sigma}$ 로도 표기할 수도 있다.

$$= E\left[\frac{\overline{X}-\mu}{\sigma/\sqrt{n}}\right]$$

$$= \frac{E(\overline{X})-\mu}{\sigma/\sqrt{n}}$$

$$= \frac{\mu-\mu}{\sigma/\sqrt{n}}$$

$$= 0$$

이고,

$$Var(W)$$

$$= E[W^2]$$

$$= E\left[\frac{(\overline{X}-\mu)^2}{\sigma^2/n}\right]$$

$$= \frac{E[(\overline{X}-\mu)^2]}{\sigma^2/n}$$

$$= \frac{\sigma^2/n}{\sigma^2/n}$$

$$= 1$$

이다[21].

표본집단의 평균 $\overline{X_i}$에 대한 표준화변수 z_s는 신뢰구간추정과 관련하여, 표본집단으로 모집단의 성질을 예측하는 데에 있어서 매우 중요한 역할을 한다. 대부분의 경우 모집단이 커 모집단을 직접 조사할 수 힘들므로, 통계를 통해 표본집단으로 모집단을 추정할 수밖에 없다. 그리하여 모집단에서 추출한 표본집단의 평균 $\overline{X_i}$을 이용하여 모집단의 속성, 특히 평균이나 분산과 같은 모수를 추정한다[22]. 그리고 신뢰도[23]를 의미하는

$$F(z_s)$$

$$= \int_a^b (\frac{1}{\sqrt{2\pi}}\; e^{-\frac{1}{2}z_s^2})dz_s$$

---

21) 당연히 모집단의 표준화변수(z_i)에 대한 평균과 분산도 같은 방법으로 각각 0과 1이 된다.

22) 이러한 표본평균의 표준화 확률변수 z_s는 표본집단의 크기를 결정할 때에도 사용된다. $z_s = \dfrac{\overline{X}-\mu}{\dfrac{\sigma}{\sqrt{n}}}$ 이므로, 최대로 허용가능한 표본평균과 모평균의 차이($E = \overline{X}-\mu$)는 $E = z_s\dfrac{\sigma}{\sqrt{n}}$ 가 되고, 표본집단의 크기는 $n = \dfrac{z_s^2 \cdot \sigma^2}{E^2}$ 이상이 되어야 한다.

23) 신뢰도(confidence coefficient)는 1에서 유의도(α)를 뺀 값이다. 즉, 신뢰도가 95%이라는 것은 유의도가 5%라는 뜻이다. (α로 표시하는 유의도는 보통 0.05로 표시한다.)

도 오차$(x_i - \mu)$에 기초를 두고 있다. 왜냐하면 표본집단과 모집단과의 관계에서 표본집단 X_i의 평균인 $\overline{X_i}$에 대한 표준화변수는

$$z_s = \frac{\overline{X_i} - \mu}{\dfrac{\sigma}{\sqrt{n}}}$$

이기 때문이다.

예를 들어, 신뢰도가 95%란 말은 표본평균에 대한 표준화변수(z_s)의 누적분포함수인 $F(z_s)$의 넓이가

$$F(z_s)$$

$$= \int_a^b (\frac{1}{\sqrt{2\pi}} \ e^{-\frac{1}{2}z_s^2})dz_s$$

$$= \ 0.95$$

라는 것이다[24].

---

24) 확률변수 x_i에 대한 정규분포 $N(\mu, \sigma^2)$의 확률분포함수인 $f(x_i) = \frac{1}{\sigma\sqrt{2\pi}} \exp[-\frac{(x_i - \mu)^2}{2\sigma^2}]$도 오차$(x_i - \mu)$의 변형상태인 것을 알 수 있다. 정규분포의 식 자체에 오차가 내재되어 있는 것이다. 서문에서도 말했듯이, 오차에 대한 부분 중 정규분포에 대한 부분은 졸저 "조사방법통계 – 정규분포와 관련하여"에 상술되어 있다.

참 조

강병서 (2005), 48-56;

김수택 (2009), 141-168, 178-184;

박광배 (2004), 13-61;

박광배 (2007), 11-52;

안상형/ 이명호 (1994), 335-387;

유동선 (2000), 1-230;

윤기중 (1981), 86-131;

이종원 (1994), 208-212, 255-258;

임종원 (1981), 231-247;

홍종선 (2006), 325-366;

DeGroot/ Schervish (2008), 393-396;

Field, A. (2009), 347-360;

Hogg/ Tanis (2006), 359-366.

제 **2** 장

오차와 관련된 조사방법론

2. CHAPTER 오차와 관련된 조사방법론

카이스퀘어(χ^2)분석

2.1.1. χ^2의 의미

관측된 빈도수가 기대수와 얼마나 밀접한가를 검정하는 조사방법인 카이스퀘어(χ^2)분석을 이해하기 위해서는, χ^2의 수리적 의미를 알아야 한다. 1.2.5.에서 오차와 관련하여 설명한

$$z_i = \frac{x_i - \mu}{\sigma}$$

는 <그림 1>과 같은 χ^2의 기본이 된다. 왜냐하면, χ^2의 원래적 의미는 표준화변수를 제곱한 z_i^2의 합인

$$\chi^2$$

$$= \sum_{i=1}^{\nu} z_i^2$$

$$= z_1^2 + z_2^2 + \cdots + z_\nu^2$$

$$= (\frac{x_1 - \mu_1}{\sigma_1})^2 + (\frac{x_2 - \mu_2}{\sigma_2})^2 + ... + (\frac{x_\nu - \mu_\nu}{\sigma_\nu})^2$$

이기 때문이다.

〈그림 1〉

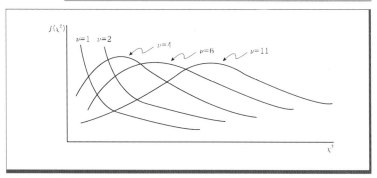

출처: 이종원 (1994), 211.

그리고 χ^2는 s^2 및 σ^2와 다음의 수리적 관계를 갖는 것을 볼 수 있다. 즉,

$$s^2 = \frac{1}{n-1} \sum [(x_i - \overline{X})^2 \cdot f_i]$$

인데, 편의상

$$f_i = 1$$

이면,

s^2

$$= \frac{1}{n-1} \sum [(x_i - \overline{X})^2]$$

$$= \frac{1}{n-1} \cdot \frac{\sigma^2}{\sigma^2} \cdot \sum [(x_i - \overline{X})^2]$$

가 된다. 이 식에다

$$\chi^2 = \frac{\sum_{i=1}^{n} (x_i - \overline{X})^2}{\sigma^2}$$

를 대입하면,

s^2

$$= \frac{1}{n-1} \cdot \frac{\sigma^2}{\sigma^2} \cdot \sum [(x_i - \overline{X})^2]$$

$$= \frac{\sigma^2}{n-1} \cdot \chi^2$$

가 된다. 그러므로

$$\chi^2 = \frac{(n-1)s^2}{\sigma^2}$$

의 관계가 성립된다[25]. 여기서

$$\sigma^2 \;=\; \frac{1}{N}\sum[(x_i-\mu)^2 \cdot f_i]$$

이기에, χ^2도 s^2와 σ^2처럼 오차($x_i-\mu$)와 관계가 있는 것을 알 수 있다.

2.1.2. 빈도를 위한 χ^2 검정의 유도

χ^2검정이란 빈도수(f_i)를 분석하는 데에 있어서, 관측된 빈도수(O_i)와 예측된 빈도수(E_i)의 차이인

$$K_i = O_i - E_i$$

를 분석하기 위한 분석방법이다. 이러한 빈도수분석을 위한 χ^2검정에서는

$$\chi^2 \;=\; \sum_{i=1}^{l}\frac{(O_i-E_i)^2}{E_i}$$

---

25) s^2와 σ^2 및 χ^2의 관계는 확률변수(x_i)에 대한 표본분산과 모분산의 비율을 검정하는 χ^2검정에서의 검정통계량으로 쓴다.

즉, χ^2검정에서는 $\chi^2 = \dfrac{\displaystyle\sum_{i=1}^{n}(x_i-\overline{X})^2}{\sigma_0^2} = (n-1)\dfrac{s^2}{\sigma^2}$을 검정통계량으로 쓴다.

이 사용된다.

위의 식에 대한 원래적 의미는 다음과 같다. 모집단에서의
비율이 p로 된 경우에는,

$$z$$

$$= \frac{\hat{p} - p}{\sqrt{p(1-p)/n}}$$

$$= \frac{n\hat{p} - np}{\sqrt{np(1-p)}}$$

을 쓰는데[26], χ^2검정을 위해 z를 제곱하면

$$z^2$$

$$= \frac{(n\hat{p} - np)^2}{np(1-p)}$$

$$= \frac{(Y - np)^2}{np(1-p)}$$

---

26) 여기서 $\hat{p}$는 실제로 조사한 표본집단에서의 비율이다. 그리고
$z = \dfrac{\hat{p} - p}{\sqrt{p(1-p)/n}}$는 단일표본의 평균검정을 위한 $z = \dfrac{\overline{X} - \mu}{\sqrt{\sigma^2/n}}$에 대
응하는 비율(p)에 대한 검정통계량이다.

$$= \frac{(Y-np)^2}{np} + \frac{(Y-np)^2}{n(1-p)}$$

가 된다[27]. 이를 1그룹과 2그룹으로 분할한 후[28] 1그룹의 경우만 본다면,

$$z^2$$

$$= \frac{(Y-np)^2}{np} + \frac{(Y-np)^2}{n(1-p)}$$

$$= \frac{(Y_1-np_1)^2}{np_1} + \frac{(Y_1-np_1)^2}{n(1-p_1)}$$

가 된다. 그런데,

$$Y_1 = n - Y_2$$

이고

$$p_1 = 1 - p_2$$

이어서, 이를 대입하면

---

27) 계산의 편의를 위해 $n\hat{p} = Y$로 놓았다.

28) 이러한 분할은 매트릭스구조의 분할표에 대한 기본개념이 된다.

$$z^2$$

$$= \frac{(Y_1 - np_1)^2}{np_1} + \frac{(Y_1 - np_1)^2}{n(1-p_1)}$$

$$= \frac{(Y_1 - np_1)^2}{np_1} + \frac{[(n-Y_2) - n(1-p_2)]^2}{n(1-p_1)}$$

$$= \frac{(Y_1 - np_1)^2}{np_1} + \frac{[(n-Y_2) - (n-np_2)]^2}{n(1-p_1)}$$

$$= \frac{(Y_1 - np_1)^2}{np_1} + \frac{[(n-Y_2) - (n-np_2)]^2}{n(1-p_1)}$$

$$= \frac{(Y_1 - np_1)^2}{np_1} + \frac{(Y_2 - np_2)^2}{np_2}$$

$$= \sum_{i=1}^{2} \frac{(Y_i - np_i)^2}{np_i}$$

$$= \sum_{i=1}^{2} \frac{(Y_i - np_i)^2}{np_i}$$

가 된다. 이는 χ^2에 대한 일반식인

$$\chi^2 = \sum_{i=1}^{l} \frac{(O_i - E_i)^2}{E_i}$$

와 동일한 형태임을 알 수 있다.

2.1.3. 빈도를 위한 χ^2 검정의 예[29]

빈도를 위한 χ^2 검정에서는 관측된 빈도수와 예측된 빈도수의 차이를 분석하기 위해,

$$\chi^2_{(l-1)} = \sum_{i=1}^{l} \frac{(O_i - E_i)^2}{E_i}$$

의 값을 구하는 것이 제일 먼저의 과제이다. 그 후, χ^2 분석은 그렇게 구한 χ^2 값과 유의수준(α)를 고려한 임계치를 비교하여, 관측된 빈도수와 예측빈도수가 동일한가를 판단한다.

이에 대한 이해를 위해, 30회의 주사위 던지기를 한 후 <표 1>과 같은 결과를 얻었다고 가정하자.

---

29) χ^2 는 확률변수 x_i 에 따른 오차($x_i - \mu$)에 근원을 두지만, 빈도수인 f_i 에 관한 차이분석에도 χ^2 가 사용된다. 또한 χ^2 분석은 2.4.에서 설명하는 LISREL 등과 같은 구조방정식의 적합도에 대한 판정에도 많이 쓰인다.

x_i, f_i 표본수	x_i : 주사위 숫자	$f_i (= O_i)$: 던진 횟수
1	1	4(번)
2	2	7
3	3	5
4	4	6
5	5	3
6	6	5
합계		$\sum f_i$ = 30

이러한 <표 1>이 있는 상태에서, 이 자료에 대하여 유의
도(α)가 5% 수준에서 관측된 빈도수와 예측빈도수가 동일
한지를 χ^2분석을 통해 알아보기로 한다[30]. χ^2분석을 하는
과정은 다음의 상황표(contingency table)에 잘 나타나 있
다. χ^2분석이란 결국

$$K_i = O_i - E_i$$

에서 보듯이, 관측된 빈도수와 예측된 빈도수의 차이를 분
석하는 차이분석방법이다. 이 차이에 대한 합이 ±로 상쇄
되기에, 제곱을 할 뿐이다. 그리하여 제일의 과정은 관측
된 빈도수와 예측된 빈도수의 차이를 계산한 후,

---

30) 확률변수 x_i에 대한 오차($e_i = x_i - \mu$)를 다루기 위한 분석과는 달리,
빈도수(f_i)에 대한 실측치와 평균의 차이($K_i = O_i - E_i$)를 분석하기 위
해, 이 상황표가 필요하다. 그리하여, 주사위의 숫자인 확률변수 x_i는
χ^2분석에서 별로 중요하지 아니하다.

$$\chi^2 = \sum \frac{(O_i - E_i)^2}{E_i}$$

의 값을 구하는 것이다. 물론 위의 χ^2값을 구하는 공식은 1차원일 때의 공식이고, 이 식을 이용하여 다음과 같은 상황표에 그 수를 대입하여, <표 2>와 같은 빈도수(f_i)에 관한 χ^2값을 구한다.

〈표 2〉

x_i : 주사위 숫자	$f_i (= O_i)$: 던진 횟수	E_i : 기대치	$O_i - E_i$	$(O_i - E_i)^2$	$\sum \frac{(O_i - E_i)^2}{E_i}$
1	4(번)	5(번)	−1	1	1/5
2	7	5	2	4	4/5
3	5	5	0	0	0/5
4	6	5	1	1	1/5
5	3	5	−2	4	4/5
6	5	5	0	0	0/5
합계	30	30	0	$\sum (O_i - E_i)^2$ = 10	$\chi^2 = 10/5$ = 2

위의 <표 2>에서 보듯이, 이 분석의 결과는

$$\chi^2 = 2$$

임을 구하였는데, 그 후에는 이러한 χ^2값을 χ^2분포의 임계치와 비교하여야 한다. 95%의 신뢰수준을 요구하였으므로,

$\alpha = 0.05$의 유의수준에서 자유도 5인[31] 임계치는 11.7임을 χ^2분포표를 통해 알 수 있다. 마지막으로 χ^2값인 2와 χ^2분포의 임계치인 11.2를 비교하면, 2가 더 작다. 즉 이 예제 분석의 χ^2값인 2는 기각역에 들어가지 아니한다. 결과적으로, 본 예제의 관측된 빈도수와 예측빈도수는 95%의 신뢰수준에서 동일하다고 볼 수 있는 것이다.

지금까지는 빈도수의 차원이

$$K_i = O_i - E_i$$

와 같이 1차원인 경우만을 다루었는데, 이를 다차원으로 바꿀 수도 있다. 편의를 위해 2차원을 생각해보면,

$$\chi^2_{(m-1)(l-1)} = \sum_{j=1}^{m} \sum_{i=1}^{l} \frac{(O_{ij} - E_{ij})^2}{E_{ij}}$$

의 값을 말한다. 물론 이 값은 i행과 j열의 매트릭스 구조를 가지는 상태에서, 관측된 빈도수와 예측빈도수의 차이는

$$K_{ij} = O_{ij} - E_{ij}$$

---

31) 자유도의 5는 $(l-1) = (6-1) = 5$에 대한 계산의 결과이다.

로 표시된다.

예를 들어, 가, 나 가게에서 ㄱ, ㄴ, ㄷ, ㄹ 제품을 사간 사
람의 숫자를 센 결과, <표 3>과 같은 관측빈도수(O_{ij})가
나왔다고 하자. 이에 대해 신뢰도가 95%수준에서 관측빈
도수와 예측빈도수의 차이가 있는지를 판단해보기로 한다.

〈표 3〉

제품(=B_j) 가게(=A_i)	ㄱ	ㄴ	ㄷ	ㄹ	합계(명)
가	15	10	15	20	60
나	10	5	10	15	40
합계(명)	25	15	25	35	$N = 100$

이의 예측빈도수에 대한 비율인 $P(A_i B_j)$는

$$P(A_i B_j) = P(A_i) \cdot P(B_j)$$

와 같이 구할 수 있다. 예측빈도수에 대한 비율인
$P(A_i B_j)$에 대한 결과는 다음의 <표 4>와 같다.

〈표 4〉

제품 $(=B_j)$ 가게 $(=A_i)$	ㄱ	ㄴ	ㄷ	ㄹ	합계(명)
가	$\dfrac{60}{100}\cdot\dfrac{25}{100}$	$\dfrac{60}{100}\cdot\dfrac{15}{100}$	$\dfrac{60}{100}\cdot\dfrac{25}{100}$	$\dfrac{60}{100}\cdot\dfrac{35}{100}$	$P(A_1)$ =60/100
나	$\dfrac{40}{100}\cdot\dfrac{25}{100}$	$\dfrac{40}{100}\cdot\dfrac{15}{100}$	$\dfrac{40}{100}\cdot\dfrac{25}{100}$	$\dfrac{40}{100}\cdot\dfrac{35}{100}$	$P(A_2)$ =40/100
합계(명)	$P(B_1)$ =25/100	$P(B_2)$ =15/100	$P(B_3)$ =25/100	$P(B_4)$ =35/100	100/100

그리고 예측빈도수(E_{ij})는

$$E_{ij} = N \cdot P(A_i B_j)$$

인데, 이를 토대로 다음과 같은 예측빈도수와 실측빈도수에 대한 혼합표를 만들 수 있다. 이에 대한 결과는 다음의 〈표 5〉와 같다.

〈표 5〉

제품 가게	ㄱ	ㄴ	ㄷ	ㄹ	O_{ij} / E_{ij}
가	15 / 15	10 / 9	15 / 15	20 / 21	60
나	10 / 10	5 / 6	10 / 10	15 / 14	40
O_{ij} / E_{ij}	25	15	25	35	100

1차원의 χ^2분석에서도 말했듯이, χ^2분석이란 결국 관측된 빈도수와 예측된 빈도수의 차이를 분석하는 차이분석법이기에,

$$K_i = O_i - E_i$$

를 구하여야 한다. 이러한 관측빈도수와 예측된 빈도수의 차이를 계산한 후, 1차원의

$$\chi^2_{(l-1)} = \sum_{i=1}^{l} \frac{(O_i - E_i)^2}{E_i}$$

을 2차원으로 바꾼

$$\chi^2_{(m-1)(l-1)} = \sum_{j=1}^{m} \sum_{i=1}^{l} \frac{(O_{ij} - E_{ij})^2}{E_{ij}}$$

을 쓰면 된다. 이 식에 위의 <표 5>의 수를 대입하여 χ^2 값을 구하면,

$$\chi^2_{(m-1)(l-1)}$$
$$= \frac{(15-15)^2}{15} + \frac{(10-9)^2}{9} + \frac{(15-15)^2}{15} + \frac{(20-21)^2}{21}$$
$$+ \frac{(10-10)^2}{10} + \frac{(5-6)^2}{6} + \frac{(10-10)^2}{10} + \frac{(15-14)^2}{14}$$

≒ 0.41

이 된다. 여기서 자유도는

$$(m-1)(l-1) = (4-1)(2-1) = 3$$

이고, 신뢰도 95% ($\alpha = 0.05$)에 대한 χ^2분포의 임계치는 7.82이다. 여기서 예제의 χ^2값과 임계치를 비교하여, 예제의 χ^2값이 기각역에 있는지, 채택역에 있는지를 알아보아야 한다.

또한 예제의 χ^2값인 0.41이 임계치인 7.82보다 작으므로, 신뢰도 95%수준에서 예제의 예측빈도수와 실측빈도수는 동일하다고 판단된다.

참 조

박광배 (2007), 77−88;

안승철/ 이재원/ 최원 (2006), 275−283;

유동선 (2000), 508−521, 673−679;

윤기중 (1981), 415−448;

이종원 (1994), 273−370, 596−623;

임종원 (1981), 159−226;

채서일 (2005), 330−334;

홍종선 (2006), 325−338, 351−366;

Agresti, A. (2009), 23−61;

DeGroot/ Schervish (2008), 393−396;

Hogg/ Tanis (2006), 359−366.

2.1.의 χ^2검정은 실측치 빈도수인 n_{ij}가 예측치 빈도수인 μ_{ij}가 같은가를 검정하는 조사방법이다. 이에 비해, 로그선형분석(log linear analysis)은 실측치 빈도수인 n_{ij}가 예측치 빈도수인 μ_{ij}와 같은

$$n_{ij} = \mu_{ij}\left(= \mu_{i+} \cdot \mu_{+j} / N\right)$$

의 가정 하에 분석하는 방법으로[32], 그 상태에서 로그선형분석은 오즈비를 이용하여 분할표 $i \cdot j$의 한 셀에 있는 표본수를

$$\ln(\mu_{ij}) = \lambda + \lambda_{A(i)} + \lambda_{B(j)}$$

의 식으로 나타내고자 하는 조사방법이다[33].

---

32) 로그선형분석은 오차$(x_i - \mu)$와 관련이 없는 조사방법이다. 그러나 확률변수 x_i에 대한 분석이어서 오차와 관련이 있는 대부분의 분석방법과는 달리, χ^2분석이 빈도수 f_i에 대한 분석을 하기에, 로그선형분석을 χ^2분석과 관련시켜 보론으로 실었다. (물론 빈도수 f_i에 대한 분석도 하는 χ^2분석은 오차에 근거를 두는 분석방법이다.)

33) 결국 로그선형분석이란 $\mu_{ij} = \mu_{i+} \cdot \mu_{+j} / N$의 양변에 $\ln$을 취한 $\ln(\mu_{ij}) = \ln(\mu_{i+}) + \ln(\mu_{+j}) - \ln N$에 대해 분석하는 방법이 되는데, 이

이를 설명하면 다음과 같다. 어떤 사건에 있어서 성공할 확률을 π라 할 때, 두 개의 집단이라면 성공할 확률이 각각 π_1, π_2가 될 것이다. 이때

$$q = \frac{\pi_1}{\pi_2}$$

를 상대위험도라 한다. 그리고 집단이 두 개가 되면, 한 개 집단의 오즈(odds)인

$$odds = \frac{\pi}{1 - \pi}$$

도

$$\theta$$

$$= \frac{odds_{(1)}}{odds_{(2)}}$$

$$= \frac{\pi_1 / (1 - \pi_1)}{\pi_2 / (1 - \pi_2)}$$

$$= q \cdot \frac{(1 - \pi_1)}{(1 - \pi_2)}$$

에 대해서는 이장의 후반부에서 설명한다.

가 된다. 여기서 두 오즈들의 비율인 θ 를 오즈비라고 한다. 여기서 분할표를 만들어 보면, <표 6>과 같다.

즉, 원래는

<표 6>

	성공확률	실패확률	전체
집단 1	π_1	$1-\pi_1$	1
집단 2	π_2	$1-\pi_2$	1

인 것을, 행렬로 바꾸어 표현하면 <표 7>이 된다.

<표 7>

	성공확률	실패확률	전체
집단 1	π_{11}	π_{12}	1
집단 2	π_{21}	π_{22}	1

여기서 오즈비는

$$\theta$$

$$= \frac{\pi_1 / (1-\pi_1)}{\pi_2 / (1-\pi_2)}$$

$$= \frac{\pi_{11} / \pi_{12}}{\pi_{21} / \pi_{22}}$$

로 되고, 또한

$$\theta$$

$$= \frac{\pi_1 / (1 - \pi_1)}{\pi_2 / (1 - \pi_2)}$$

$$= \frac{n_{11} / n_{12}}{\pi_{21} / \pi_{22}}$$

$$= \frac{n_{11} n_{22}}{n_{12} n_{21}}$$

로도 된다[34].

이러한 원리에 근거하여 확대하면, 각 셀의 빈도수는 <표 8>과 같이 된다.

〈표 8〉			
	1	2	3	합

	1	2	3	합
1	n_{11}	n_{12}	n_{13}	N_{1+}
2	n_{21}	n_{22}	n_{23}	N_{2+}
합	N_{+1}	N_{+2}	N_{+3}	N

이를 비율로 나타내면 <표 9>와 같다.

---

34) n은 표본수이다.

	1	2	3	합$(i+)$
1	π_{11}	π_{12}	π_{13}	π_{1+}
2	π_{21}	π_{22}	π_{23}	π_{2+}
합$(+j)$	π_{+1}	π_{+2}	π_{+3}	1

여기서 어느 한 셀에 있는 표본수는

$$n_{ij}$$

$$= N \cdot \pi_{ij}$$

$$= N \cdot \pi_{i+} \cdot \pi_{+j}$$

$$= (N \cdot \pi_{i+}) \cdot (N \cdot \pi_{+j}) \, / \, N$$

$$= (\mu_{i+}) \cdot (\mu_{+j}) \, / \, N$$

$$= \mu_{ij}$$

가 된다. 위 식의

$$\mu_{ij} = (\mu_{i+}) \cdot (\mu_{+j}) \, / \, N$$

에서 양변에 ln을 하면,

$\ln(\mu_{ij})$

$= \ln\left[(\mu_{i+}) \cdot (\mu_{+j}) \,/\, N\right]$

$= \ln(\mu_{i+}) + \ln(\mu_{+j}) - \ln N$

가 된다[35].

이제 상수효과(λ)와 설명변인효과($\lambda_{A(i)}$ 또는 $\lambda_{B(j)}$)를 고려하여, 상기한

$\ln(\mu_{ij}) = \ln(\mu_{i+}) + \ln(\mu_{+j}) - \ln N$

를 다시 쓰면,

$\ln(\mu_{ij}) = \lambda + \lambda_{A(i)} + \lambda_{B(j)}$

로 표기하기도 하고[36], 분산분석의 경우와 같이 상호작용을 고려하여

---

35) 위의 식에서 실측치 빈도수인 n_{ij}는 예측치 빈도수인 μ_{ij}와 같은 $n_{ij} = \mu_{ij}$라 하였는데, 이런 경우를 포화모형(saturated model)이라 한다. 물론 χ^2검정에서는 실측치 빈도수인 n_{ij}는 예측치 빈도수인 μ_{ij}가 같은가를 검정하는 분석방법이다.

36) $\ln(\mu_{ij}) = \lambda + \lambda_{A(i)} + \lambda_{B(j)}$를 $\ln(\mu_{ij}) = \lambda + \lambda_i^A + \lambda_j^B$로 표기하기도 한다.

$$\ln(\mu_{ij}) = \lambda + \lambda_{A(i)} + \lambda_{B(j)} + \lambda_{AB(ij)}$$

로 표기하기도 한다.

지금까지 설명한 바와 같이, 로그선형분석이란 $i \cdot j$의 분할표의 어느 셀에 있는 표본수를

$$\ln(\mu_{ij}) = \lambda + \lambda_{A(i)} + \lambda_{B(j)}$$

또는

$$\ln(\mu_{ij}) = \lambda + \lambda_{A(i)} + \lambda_{B(j)} + \lambda_{AB(ij)}$$

로 나타내고자, λ, $\lambda_{A(i)}$, $\lambda_{B(j)}$, $\lambda_{AB(ij)}$의 값을 찾는 분석방법이다.

김충렬 (1994), 394−399;

박광배(2007), 159−212;

유동선 (2000), 845−848;

이성우/ 민성희/ 박지영/ 윤성도 (2005), 59−114;

황규범/ 이시창/ 박석봉/ 강정흥 (2009), 62−82;

Agresti, A. (2009), 223−254;

Gujarati/ Porter (2009), 637−695;

Smith/ Minton (2007), 581−584.

2.2.1. Pearson 상관분석

두 개의 모수변수 x_i와 y_i가 <그림 2>와 같은 관계에 있다고 할 때, 변수 x_i와 y_i의 관련성을 분석하는 통계분석방법이 단순상관분석 중의 가장 일반적인 분석인 단순상관분석(Pearson correlation analysis)이다[37].

<그림 2>

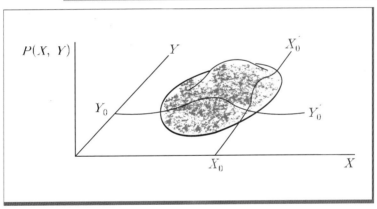

출처: 이종원(1994), 509의 b.

---

37) 상관분석을 다루는 이 장에서는 Pearson 상관분석(단순상관분석), Spearman 상관분석(서열상관분석), 정준상관분석을 다루는데, 이 중 흔히 말하는 상관분석은 Pearson 상관분석을 말한다.

그리고 이 상관분석의 주목적은 확률변수 x_i의 오차 $(x_i - \overline{x})$와 확률변수 y_i의 오차$(y_i - \overline{y})$ 사이의 관계로 분석되는 Pearson 상관계수를 찾는 것이다[38].

상관분석의 주목적은 상관계수(correlation coefficient)를 찾는 것인데, 상관계수란 확률변수 x_i의 오차$(x_i - \overline{x})$와 확률변수 y_i의 오차$(y_i - \overline{y})$ 사이에 존재하는 비율인

$$r_{xy} = \frac{\sum(x_i - \overline{x})(y_i - \overline{y})}{\sqrt{\sum(x_i - \overline{x})^2}\sqrt{\sum(y_i - \overline{y})^2}}$$

을 말한다. 윗 식에서 양변을 $(n-1)$로 나누면

$$r_{xy} = \frac{\sum[(x_i - \overline{x})(y_i - \overline{y})/(n-1)]}{\sqrt{\sum(x_i - \overline{x})^2/(n-1)}\sqrt{\sum(y_i - \overline{y})^2/(n-1)}}$$

가 되어, 상관계수는

$$r_{xy} = \frac{Cov(x,y)}{\sqrt{Var(x)} \cdot \sqrt{Var(y)}}$$

을 의미하게 된다[39].

---

38) Pearson 상관분석이 상관분석 중의 가장 일반적인 분석이기에, 일반적으로 상관계수라 함은 Pearson 상관계수를 말한다.

이것이 상관계수를 가장 간단하고 정확하게 나타내는 식으로서, 상관계수란 두 개의 모수변수 x_i와 y_i의 공분산을 x_i의 표준편차와 y_i의 표준편차의 곱으로 나눈 값을 말한다.

그리고 회귀분석에서의 결정계수(coefficient of determination)를 나타내는 R^2은 y와 $\hat{y}$의 상관계수에 대한 제곱으로서, 이는 x와 y의 공분산에 대한 제곱을 x의 분산과 y의 분산에 대한 곱으로 나눈 값이라는 성질에서 나온다.

이에 대한 수리적 유도는 다음과 같다. 즉, x와 y의 상관계수란

$$r_{xy} = \frac{\sum (x_i - \overline{x})(y_i - \overline{y})}{\sqrt{\sum (x_i - \overline{x})^2}\sqrt{\sum (y_i - \overline{y})^2}}$$

이고, 이를

$$r_{xy} = \frac{\sum xy}{\sqrt{\sum x^2}\sqrt{\sum y^2}}$$

로 표시할 수 있는데, 회귀분석에서 y와 $\hat{y}$의 상관계수는[40]

---

39) $\dfrac{Cov(x,y)}{\sqrt{Var(x)} \cdot \sqrt{Var(y)}} = \dfrac{S_{xy}}{S_x S_y} = \dfrac{\sum xy}{\sqrt{\sum x^2}\sqrt{\sum y^2}}$ 로도 표시한다.

$$r_{y\hat{y}} = \frac{\sum y\hat{y}}{\sqrt{\sum y^2} \sqrt{\sum \hat{y}^2}}$$

가 된다. 그런데,

$$\sum y\hat{y}$$

$$= \sum (\hat{y} + e)\hat{y}$$

$$= \sum (\hat{y})^2 + \sum e\hat{y}$$

$$= \sum (\hat{y})^2$$

이므로,

$$r_{y\hat{y}}$$

$$= \frac{\sum y\hat{y}}{\sqrt{\sum y^2} \sqrt{\sum \hat{y}^2}}$$

$$= \sqrt{\frac{\sum \hat{y}^2}{\sum y^2}}$$

---

40) $y_i = \hat{y} + e$ 이며, 편의상 y_i를 y로 표현하였다.

$$= \sqrt{\frac{SSR}{SST}}$$

이다[41]. 여기서

$$\frac{SSR}{SST}$$

$$= \sum_{i=1}^{n} (\hat{y_i} - \overline{y})^2 \Big/ \sum_{i=1}^{n} (y_i - \overline{y})^2$$

$$= R^2$$

이므로, 결정계수는

$$R^2 = (r_{y\hat{y}})^2$$

로, y와 $\hat{y}$의 상관계수에 대한 제곱이 된다[42].

---

41) $SSR = \sum_{i=1}^{n}(\hat{y_i} - \overline{y})^2$ 이고, $SST = \sum_{i=1}^{n}(y_i - \overline{y})^2$ 이다. 그리고
$r_{xy} = \dfrac{\sum (x_i - \overline{x})(y_i - \overline{y})}{\sqrt{\sum(x_i - \overline{x})^2}\ \sqrt{\sum(y_i - \overline{y})^2}}$ 를 $r_{xy} = \dfrac{\sum xy}{\sqrt{\sum x^2}\ \sqrt{\sum y^2}}$ 로 표현한다.

42) 한 변수의 서로 다른 시간(x_t와 x_{t+h})에 대한 상관계수는 시계열분석에서 쓰인다. 한 변수의 서로 다른 시간(x_t와 x_{t+h})에 대한 상관계수인 $r_x(t, t+h) = \dfrac{Cov(x_t, x_{t+h})}{\sqrt{Var(x_t)} \cdot \sqrt{Var(x_{t+h})}}$ 로 표시된다. 이를 자기상관계수라 하는데, 이는 물론 서로 다른 변수 x와 y의 상관계수인 $r_{xy} =$

2.2.2. Spearman 상관분석

x_i와 y_i가 서열변수[43]인 경우에도

$$r_{xy} = 1 - \frac{6 \sum d_i^2}{n(n-1)(n+1)}$$

인 Spearman 상관분석의 서열상관계수를 구할 수 있는데, 이의 수리적 증명은 다음과 같다.

물론 x_i와 y_i는 1등, 2등, 3등, ⋯ n등을 말하고, d_i란 x_i와 y_i의 차이인, 즉

$$d_i = x_i - y_i$$

로 표시되는 등수의 차이를 말한다. 이제부터 d_i의 분산 (σ_d^2)을 이용하여 서열상관계수인 Spearman 상관계수(r_{xy})를 유도하기로 한다.

$$Var(x_i - y_i)$$

$\dfrac{Cov(x, y)}{\sqrt{Var(x)} \cdot \sqrt{Var(y)}}$와 형태는 동일하다.

43) 2.2.1.의 Pearson 상관계수는 확률변수 x_i와 y_i가 모수변수인 경우이다.

$$= \sigma_d^2$$

$$= E\,(d_i - \bar{d})^2$$

$$= \frac{\sum d_i^2}{n} - n(\bar{d})^2$$

$$= \frac{\sum d_i^2}{n}$$

가 된다[44]. 이러한

$$\sigma_d^2 \;=\; Var(x_i - y_i)^{[45]}$$

는 다음의 수식과 같이 전개될 수 있다. 즉,

$$Var(x_i - y_i)$$

$$= \; Var(x_i) + Var(y_i) - 2\,Cov(x_i, y_i)$$

$$= \; 2\,Var(x_i) - 2\,r_{xy}\,\sigma_x\,\sigma_y{}^{[46]}$$

---

44) $\sum d_i = 0$ 이어서, $\bar{d} = \dfrac{\sum d_i}{n} = 0$ 이기 때문이다.

45) 본서에서 많이 다루었던 확률변수 x_i의 분산인 $\sigma_x^2 = Var(x_i)$와는 달리, x_i와 y_i의 사이에 대한 거리의 분산인 $\sigma_d^2 = Var(x_i - y_i)$는 이와 같이 전개할 수 있다.

$$= 2\,Var(x_i) - 2\,r_{xy}\sigma_x^2 \text{ }^{47)}$$

$$= 2\sigma_x^2 - 2\,r_{xy}\sigma_x^2$$

$$= 2\sigma_x^2\,(1 - r_{xy})$$

가 된다. 여기서 σ_x^2는 확률변수 x_i의 분산이기에,

$$\sigma_x^2$$

$$= E\,(x_i - \mu_x)^2$$

$$= \frac{\sum x_i^2}{n} - (\frac{\sum x_i}{n})^2$$

$$= \frac{1}{n} \cdot \frac{n(n+1)(2n+1)}{6} - [\frac{1}{n} \cdot \frac{n(n+1)}{2}]^2$$

$$= \frac{(n+1)(n-1)}{12}$$

가 된다. 위의 두 식에서

---

46) $Var(x_i) = Var(y_i)$일 뿐 아니라, $r_{xy} = \dfrac{\sigma_{xy}}{\sigma_x \sigma_y}$ 즉, $Cov(x_i, y_i) = r_{xy}\sigma_x \sigma_y$ 이기 때문이다.

47) $\sigma_x = \sigma_y$이기 때문이다.

$$\sigma_x^2 \;=\; \frac{(n+1)(n-1)}{12}$$

을 $\sigma_d^2 \;=\; Var(x_i - y_i)$의 의미를 가진 원식

$$Var(x_i - y_i) \;=\; 2\sigma_x^2\,(1 - r_{xy})$$

에 대입하면,

$$\sigma_d^2$$

$$= \; \frac{\sum d_i^2}{n}$$

$$= \; 2 \cdot \frac{(n+1)(n-1)}{12} \cdot (1 - r_{xy})$$

가 되기에, 여기서 서열상관계수(r_{xy})를 구하면

$$r_{xy} = 1 - \frac{6\sum d_i^2}{n(n+1)(n-1)}$$

가 된다.

2.2.3. 정준상관분석

정준상관분석(canonical correlation analysis)이란 군집과

군집사이의 관계를 분석하는 조사방법이다. 즉, 정준상관
분석은 모수변수의 정규분포로 되어 있으면서 행렬로 구
성된 X와 Y의 상관관계를 분석방법이다. 정준상관분석을
이해하기 쉽게 하기 위해, 단순관관분석과 비교하여 설명
하기로 한다.

일반적으로 (단순)상관분석이란 확률변수 x와 y의 상관계
수인

$$\rho_{xy} = \frac{Cov(x,\ y)}{\sqrt{Var(x)} \cdot \sqrt{Var(y)}}$$

를 찾는 분석인데, 이러한 상관분석은 정규분포로 되어 있
는 정량변수 x_i와 y_i로만 구성되어 있다. 두 개의 변수 x_i
와 y_i를 영어성적(x_i)과 수학성적(y_i)이라는 구체적인 예로
표시하면, <표 10>과 같다.

〈표 10〉

표본 \ 변수	영어성적(x_i)	수학성적(y_i)
1	67	72
2	89	78
⋮	⋮	
n	78	57

이에 비해 정준상관분석은 정규분포로 되어 있는 비율변수인 x와 y로만 구성된 (단순)상관분석과는 다르다. 정준상관분석은 모수변수의 정규분포로 되어 있되 행렬로 구성된 $\underline{X}$와 $\underline{Y}$에 대해[48], 최적치를 찾는 상관분석한다는 점에서 (단순)상관분석과는 다르다. 이를 영어성적($\underline{X}$)과 수학성적($\underline{Y}$)이라는 구체적인 예로 표시하면, <표11>과 같다.

〈표 11〉

표본 변수	영어성적($\underline{X}$)		수학성적($\underline{Y}$)	
	듣기(x_1)	독해(x_2)	대수(y_1)	기하(y_2)
1	78	85	93	85
2	76	57	68	76
⋮		⋮	⋮	
n	76	72	56	62

행렬로 구성된 $\underline{X}$와 $\underline{Y}$에 대해 최적치를 찾는 정준상관분석은 다음과 같이 전개된다. 한 마디로 정준상관분석이란

$$\underline{G} = \underline{a}' \underline{X} = a_1 x_1 + a_2 x_2$$

$$\underline{H} = \underline{b}' \underline{Y} = b_1 y_1 + b_2 y_2$$

---

48) 이 말은 듣기(x_1), 독해(x_2), 대수(y_1) 및 기하(y_2)가 각각 정규분포로 되어 있다는 것이다.

에서⁴⁹⁾ $\underline{G}$와 $\underline{H}$의 상관계수인

$$\rho(\underline{G}, \underline{H}) = \frac{Cov(\underline{G}, \underline{H})}{\sqrt{Var(\underline{G})} \cdot \sqrt{Var(\underline{H})}}$$

를 최대화시킬 수 있는 계수벡터 $\underline{a}^*$와 $\underline{b}^*$를 찾는 것이 목적이다.

이를 찾기 위해서는 라그랑제법을 쓰는데, 그 전개식은 다음과 같다. 먼저 편의를 위해 정규분포를 표준화해도 의미에는 변함이 없으므로⁵⁰⁾,

$$E(\underline{G}) = E(\underline{H}) = 0$$

과

$$Var(\underline{G}) = S_g^2 = 1$$

$$Var(\underline{H}) = S_h^2 = 1$$

로 가정하고,

$$\rho(\underline{G}, \underline{H}) = \frac{1}{n-1}(g_1 h_1 + g_2 h_2 + \cdots + g_n h_n)$$

---

49) 여기에서는 편의상 x_1, x_2, y_1, y_2으로만 되었다고 가정한다.

50) 정규분포 (μ, σ^2)를 표준화하면, 표준정규분포 $(0, 1^2)$가 된다.

라 놓기로 한다. 그러면 정준상관분석은

최대화: $\rho(\underline{G}, \underline{H})$

제약조건: $S_g^2 = 1$과 $S_h^2 = 1$

이 된다. 이제 $\rho(\underline{G}, \underline{H})$를 최대화하기 위해 라그랑제함수를 만들면

$$L$$

$$= \rho(\underline{G}, \underline{H}) - \lambda_1(S_g^2 - 1) - \lambda_2(S_h^2 - 1)$$

$$= \frac{1}{n-1}(g_1 h_1 + g_2 h_2 + \cdots + g_n h_n)$$

$$- \lambda_1 \left[\frac{1}{n-1}(g_1^2 + g_2^2 + \cdots + g_n^2) - 1 \right]$$

$$- \lambda_2 \left[\frac{1}{n-1}(h_1^2 + h_2^2 + \cdots + h_n^2) - 1 \right]$$

가 된다. 이 식을 a_1, a_2, b_1, b_2로 편미분하여

$$\frac{\partial L}{\partial a_1} = 0,$$

$$\frac{\partial L}{\partial a_2} = 0,$$

$$\frac{\partial L}{\partial b_1} = 0,$$

$$\frac{\partial L}{\partial b_2} = 0$$

이 되도록 풀면,

$$\lambda_1 = \frac{1}{n-1}(g_1 h_1 + g_2 h_2 + \cdots + g_n h_n)$$

$$\lambda_2 = \frac{1}{n-1}(g_1 h_1 + g_2 h_2 + \cdots + g_n h_n)$$

와[51)]

$$P\begin{bmatrix} a_1 \\ a_2 \end{bmatrix} = \lambda_1^2 \begin{bmatrix} a_1 \\ a_2 \end{bmatrix}$$

$$Q\begin{bmatrix} b_1 \\ b_2 \end{bmatrix} = \begin{bmatrix} b_1 \\ b_2 \end{bmatrix}$$

인 a_1, a_2, b_1, b_2 및 λ_1, λ_2를 구할 수 있다.

즉 정준상관분석으로

---

51) λ_1와 λ_2를 각각 제1 정준상관계수와 제2 정준상관계수라 칭한다.

$$\rho(\underline{G}, \underline{H}) = \frac{Cov(\underline{G}, \underline{H})}{\sqrt{Var(\underline{G})} \cdot \sqrt{Var(\underline{H})}}$$

를 최대화시킬 수 있는 계수벡터 $\underline{a}^*$와 $\underline{b}^*$를 찾을 수 있다. 물론 $\rho(\underline{G}, \underline{H})$를 최대화시킬 수 있는 계수벡터 $\underline{a}^*$와 $\underline{b}^*$란, $\rho(\underline{G}, \underline{H})$를 최대화하는

$$\underline{G} = \underline{a}' \ \underline{X} = a_1 x_1 + a_2 x_2$$

$$\underline{H} = \underline{b}' \ \underline{Y} = b_1 y_1 + b_2 y_2$$

에서의 계수벡터를 말한다.

여기서

$$P = R_{11}^{-1} R_{12} R_{22}^{-1} R_{21}$$

$$Q = \frac{1}{\lambda_1} R_{22}^{-1} R_{21}$$

이며,

$$R_{11} = \begin{bmatrix} 1 & \rho_{y_1 y_2} \\ \rho_{y_2 y_1} & 1 \end{bmatrix}$$

$$R_{12} = \begin{bmatrix} \rho_{y_1 x_1} & \rho_{y_1 x_2} \\ \rho_{y_2 x_1} & \rho_{y_2 x_2} \end{bmatrix}$$

$$R_{21} = \begin{bmatrix} \rho_{y_1 x_1} & \rho_{x_1 y_2} \\ \rho_{x_2 y_1} & \rho_{y_2 x_2} \end{bmatrix}$$

$$R_{22} = \begin{bmatrix} 1 & \rho_{x_1 x_2} \\ \rho_{x_2 x_1} & 1 \end{bmatrix}$$

이다.

지금까지 수리식으로만 전개한 것을 구체적으로 전술한 예를 이용하여 설명하면, 영어성적($\underline{X}$)과 수학성적($\underline{Y}$)의 정준상관관계란 듣기(x_1), 독해(x_2), 대수(y_1) 및 기하(y_2)에 대하여 각각 최적의 a_1, a_2, b_1 및 b_2를 찾는 것이라 할 수 있다.

즉 정준상관분석을 이용하면, 전술한

$$\rho(\underline{G}, \underline{H}) = \frac{Cov(\underline{G}, \underline{H})}{\sqrt{Var(\underline{G})} \cdot \sqrt{Var(\underline{H})}}$$

를 최대화시킬 수 있는 계수벡터 $\underline{a}^*$와 $\underline{b}^*$를 찾을 수 있는 것이다.

참 조

강병서 (2005), 353−366;

김기영/ 전명식 (2002), 189−211;

성웅현 (2008), 217−237;

이종원(1994), 499−563, 654−663;

Field, A. (2009), 166−196;

Lattin/ Carroll/ Green (2003), 313−351;

Neter/ Wassermann (1974), 393−415;

Nie/ Hull/ Jenkins/ Steinbrenner/ Bent (1970), 276−319, 515−527;

Tabachnick/ Fidel (2007), 195−242, 567−606.

2.3. 요인분석

요인분석(factor analysis)이란 p개의 변수를 $m(<p)$개의 요인으로 줄이는 분석방법이라 할 수 있다. 변수를 요인으로 줄인다는 것은 변수행렬과 요인행렬 사이에는 공분산행렬 $Cov(\underline{X}, \underline{F})$가 존재한다는 것이어서[52], 요인분석은 결국 실측치와 평균의 차이인 오차를 분석하는 방법이라고 할 수 있다. 요인분석은 변수 x_i와 요인 F_i 사이의 공분산을 분석한다는 점에서, 변수 x_i와 변수 x_j 사이의 공분산을 분석하는 일반적인 공분산분석과 다를 뿐이다. 그리고 변수x_i와 요인F_i 사이의 공분산을 분석하는 요인분석에서는 고유치(Eigen-value: 아이겐값)라는 개념이 매우 중요하다[53].

요인분석의 수리식은

$$\underline{X} = \mu_{\underline{X}} + \underline{A}\,\underline{F} + \epsilon$$

인데, 본서에서는 요인분석를 하기 전에, 이의 기초가 되는

---

52) 변수와 요인 사이의 공분산을 요인부하량이라고 한다.

53) 고유치는 2.3.3.에서 상술한다.

$$Z_p = \underline{\beta_p}' \underline{X}$$

형태의 주성분분석의 수리전개를 먼저 하기로 한다.

2.3.1. 주성분분석

2.3.1.1. 2변량인 경우

다변량분석을 단순화하여 두 개의 변수 x_1과 x_2를 가진 표본들이 존재하는 2변량분석을 한다고 가정하자. 이러한 2차원의 단순한 가정에서, 어떠한 표본 i는 다음과 같은 선형결합(linear combination)[54]되어

$$z = ax_1 + bx_2 \text{[55]}$$

의 성질을 갖는다. 이러한 선형결합형태에서 x_1과 x_2의 분

---

54) 선형결합은 벡터 $\vec{v_1}, \vec{v_2}, \cdots, \vec{v_k}$를 실수(스칼라) $a_1, a_2, \cdots, a_k$에 결합한 형태인 $a_1\vec{v_1} + a_2\vec{v_2} + \cdots + a_k\vec{v_k}$를 말한다. 즉 $\underline{A} \cdot \underline{X}$와 같이 스칼라값의 계수행렬 $\underline{A}$와 열벡터성격의 변수행렬 $\underline{X}$를 곱한 것을 선형결합이라 한다. 그리고 $\underline{A} \cdot \underline{X} = \underline{Z}$와 같이 되어 함수관계인 $\underline{Z} = f(\underline{X})$이 성립할 때, 이를 선형변환이라 한다. 선형변환에 대해서는 2.3.2.에서 상술한다.

55) 2차원의 $x_1 - x_2$좌표에서 x_1와 x_2의 관계를 볼 때, $z = f(x_1, x_2) = ax_1 + bx_2$로 되는 요인분석의 주성분에 대한 기본형태는 $x_2 = f(x_1) = ax_1 + b$로 되는 회귀분석과는 전혀 다른 형태이다. 물론 $x_2 = f(x_1) = ax_1 + b$의 회귀분석은 지금까지 $y = f(x) = ax + b$로 표시되어 왔으나, 같은 내용이다.

산을 최대화시키기 위해서는 개체의 분리를 쉽게 할 수 있어야 한다.

x_1과 x_2의 분산을 최대화시키기 위해, $z\,(=ax_1 + bx_2)$에 대한 분산의 합(S_z^2)인

$$S_z^2 \;=\; \frac{1}{n-1}\,[(z_1 - \overline{z})^2 + \cdots + (z_n - \overline{z})^2]$$

을 구한다. S_z^2에 대한 계산의 편의를 위해 $(n-1)\,S_z^2$를 구하면[56],

$$(n-1)\,S_z^2$$

$$= \;(z_1 - \overline{z})^2 + (z_2 - \overline{z})^2 + \cdots + (z_n - \overline{z})^2$$

$$= \;[(a\,x_{11} + b\,x_{21}) - (a\,\overline{x_1} + b\,\overline{x_2})]^2 + \cdots +$$

$$[(a\,x_{1n} + b\,x_{2n}) - (a\,\overline{x_1} + b\,\overline{x_2})]^2$$

---

56) $z\,(= ax_1 + bx_2)$에 대한 분산의 합(S_z^2)을 위해서는, 원래 $S_z^2 = \dfrac{1}{n-1}$ $[(z_1 - \overline{z})^2 + \cdots + (z_n - \overline{z})^2]$을 계산하여야 한다. 그러나 본서에서는 편의상 $(n-1)\,S_z^2 \;=\; (z_1 - \overline{z})^2 + \cdots + (z_n - \overline{z})^2$의 식으로 전개한다는 것이다.

$$= [a(x_{11} - \overline{x_1}) + b(x_{21} - \overline{x_2})]^2 + \cdots +$$
$$[a(x_{1n} - \overline{x_1}) + b(x_{2n} - \overline{x_2})]^2$$
$$= [a^2(x_{11} - \overline{x_1})^2 + b^2(x_{21} - \overline{x_2})^2 + 2ab(x_{11} - \overline{x_1})(x_{21} - \overline{x_2})] + \cdots +$$
$$[a^2(x_{1n} - \overline{x_1})^2 + b^2(x_{2n} - \overline{x_2})^2 + 2ab(x_{1n} - \overline{x_1})(x_{2n} - \overline{x_2})]$$

가 된다. 이를 간단히 쓰면

$$(n-1)S_z^2 = (n-1)(a^2 S_{x_1}^2 + b^2 S_{x_2}^2 + 2\,a\,b\,S_{x_1 x_2})$$

가 된다. 이는

$$S_z^2 = a^2 S_{x_1}^2 + b^2 S_{x_2}^2 + 2\,a\,b\,S_{x_1 x_2}$$

가 된다. 그런데,

$$z = ax_1 + bx_2$$

의 a와 b의 사이에는 <그림 3>과 같은 관계가 성립한다.

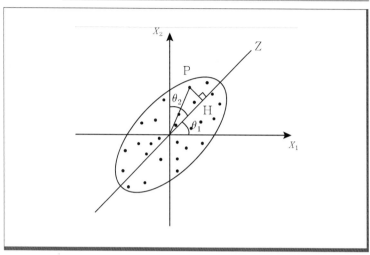

출처: 전중 풍/ 협수화창 (1995), 65.

여기서 임의의 점 $P(x_1, x_2)$에서 OZ축 상에 수직선을 내렸을 때, $\overline{OH}$의 길이 즉 z는

$$z$$

$$= x_1 \cos\theta_1 + x_2 \cos\theta_2$$

$$= x_1 \cos\theta_1 + x_2 \sin\theta_1 \text{ [57)}$$

이므로,

$$ax_1 + bx_2 = x_1 \cos\theta_1 + x_2 \sin\theta_1$$

---

57) 〈그림 3〉에서 $\theta_1 + \theta_2 = 90$이므로, $\cos\theta_2 = \sin\theta_1$이 된다.

가 된다. 여기서

$$\cos^2\theta_1 + \sin^2\theta_1 = 1$$

이므로,

$$a^2 + b^2 = 1$$

이라는 a와 b의 관계가 성립한다[58]. 그리하여, 이 분석의 목적은

$$a^2 + b^2 = 1$$

인 상태에서

$$S_z^2 = a^2 S_{x_1}^2 + b^2 S_{x_2}^2 + 2ab S_{x_1 x_2}$$

를 최대화하는 것으로 나타났다. 즉

최대화: $\quad a^2 S_{x_1}^2 + b^2 S_{x_2}^2 + 2ab S_{x_1 x_2}$

제약조건: $\quad a^2 + b^2 = 1$

---

58) 벡터를 정규화시키는 조건은 $a = r \cdot \cos\theta$이고 $b = r \cdot \sin\theta$인 상태에서 $(r = 1)$, $a^2 + b^2 = (1 \cdot \cos\theta)^2 + (1 \cdot \sin\theta)^2 = 1$이 된다.

의 문제가 된다. 이러한 문제는 라그랑제함수(L)를 이용하여 다음과 같이 정리하여 구할 수 있다.

라그랑제함수는

$$L \;=\; a^2 S_{x_1}^2 + b^2 S_{x_2}^2 + 2\,a\,b\,S_{x_1 x_2} - \lambda\,(a^2 + b^2 - 1)$$

가 되는데, L을 a와 b 및 λ로 편미분하면

$$\frac{\partial L}{\partial a} \;=\; 2aS_{x_1}^2 + 2\,b\,S_{x_1 x_2} - 2a\lambda \;=\; 0$$

$$\frac{\partial L}{\partial b} \;=\; 2bS_{x_2}^2 + 2\,a\,S_{x_1 x_2} - 2b\lambda \;=\; 0$$

$$\frac{\partial L}{\partial \lambda} \;=\; a^2 + b^2 - 1 = 0^{[59]}$$

가 된다[60]. 위의 두식은

$$2\,(aS_{x_1}^2 + b\,S_{x_1 x_2}) = 2a\lambda$$

$$2\,(bS_{x_2}^2 + a\,S_{x_1 x_2}) = 2b\lambda$$

---

59) 이는 제약조건과 동일하여, 계산을 생략한다.

60) 여기서 a와 b를 구하여 $z = ax_1 + bx_2$를 구할 수 있다.

이기에[61],

$$a\left(S_{x_1}^2 - \lambda\right) + b\,S_{x_1 x_2} = 0$$

$$b\left(S_{x_2}^2 - \lambda\right) + a\,S_{x_1 x_2} = 0$$

즉

$$a\left(S_{x_1}^2 - \lambda\right) + b\,S_{x_1 x_2} \;=\; 0$$

$$a\,S_{x_1 x_2} + b\left(S_{x_2}^2 - \lambda\right) \;=\; 0$$

이 된다. 이를 풀면

$$a \;=\; b \;=\; 0$$

이 되는데, 이는 위의

$$a^2 + b^2 - 1 \;=\; 0$$

을 만족하지 않는다. 그리하여

---

61) 이는 물론 $a S_{x_1}^2 + b S_{x_1 x_2} = a\lambda$과 $b S_{x_2}^2 + a S_{x_1 x_2} = b\lambda$로 고칠 수 있다.

$$\begin{vmatrix} (S_{x_1}^2 - \lambda) & S_{x_1 x_2} \\ S_{x_1 x_2} & (S_{x_2}^2 - \lambda) \end{vmatrix} = 0$$

의 경우만이 가능하다. 위의 행렬식은

$$\begin{vmatrix} (S_{x_1}^2 - \lambda) & S_{x_1 x_2} \\ S_{x_1 x_2} & (S_{x_2}^2 - \lambda) \end{vmatrix}$$

$$= \lambda^2 - (S_{x_1}^2 + S_{x_2}^2) \cdot \lambda + (S_{x_1}^2 S_{x_2}^2 - S_{x_1 x_2}^2)$$

$$= 0$$

이 되는데, 이를

$$f(\lambda)$$

$$= \lambda^2 - (S_{x_1}^2 + S_{x_2}^2) \cdot \lambda + (S_{x_1}^2 S_{x_2}^2 - S_{x_1 x_2}^2)$$

$$= 0$$

로 놓으면,

$$\lambda = \frac{(S_{x_1}^2 + S_{x_2}^2) \pm \sqrt{(S_{x_1}^2 + S_{x_2}^2)^2 - 4(S_{x_1}^2 S_{x_2}^2 - S_{x_1 x_2}^2)}}{2}$$

가 되어 실근 λ_1과 λ_2를 알 수 있다[62]. 지금까지

라그랑제 함수인

$$L = a^2 S_{x_1}^2 + b^2 S_{x_2}^2 + 2 a b S_{x_1 x_2} - \lambda (a^2 + b^2 - 1)$$

을 풀기 위한

$$a (S_{x_1}^2 - \lambda) + b S_{x_1 x_2} = 0$$

$$b (S_{x_2}^2 - \lambda) + a S_{x_1 x_2} = 0$$

에서 λ만을 먼저 구하였다[63]. 이러한 λ_i를 이용하여 a와 b를 구하면,

$$a = \frac{S_{x_1 x_2}}{\sqrt{S_{x_1 x_2}^2 + (\lambda_i - S_{x_1}^2)^2}}$$

$$b = \frac{\lambda_i - S_{x_1}^2}{\sqrt{S_{x_1 x_2}^2 + (\lambda_i - S_{x_1}^2)^2}}$$

---

62) $f(\lambda) = 0$에서, 근을 위한 $D \geq 0$이다.

63) λ란 물론 λ_1과 λ_2를 가리키는데, 이제부터는 두 개 모두를 일반적으로 지칭하여 λ_i라 하기로 한다.

이 된다.

지금까지 설명한 것을 정리하면 다음과 같다. 즉

$$z = ax_1 + bx_2$$

의 선형결합형태에서, x_1과 x_2의 분산을 최대화시키기 위한 조건인

$$S_z^2 = a^2 S_{x_1}^2 + b^2 S_{x_2}^2 + 2ab S_{x_1 x_2}$$

을 만족하는 a와 b의 값은

$$a = \frac{S_{x_1 x_2}}{\sqrt{S_{x_1 x_2}^2 + (\lambda_i - S_{x_1}^2)^2}}$$

$$b = \frac{\lambda_i - S_{x_1}^2}{\sqrt{S_{x_1 x_2}^2 + (\lambda_i - S_{x_1}^2)^2}}$$

라는 것이다. 여태까지의 목적은 상기한 $z(=ax_1 + bx_2)$에 대한 분산의 합인 $S_z^2 (= a^2 S_{x_1}^2 + b^2 S_{x_2}^2 + 2ab S_{x_1 x_2})$을 최대가 되도록 하는 것이었다. 이는 결국 $a^2 S_{x_1}^2 + b^2 S_{x_2}^2 + 2ab S_{x_1 x_2}$를 a와 b의 함수로 보아, 즉

$$f(a, b) = a^2 S_{x_1}^2 + b^2 S_{x_2}^2 + 2ab S_{x_1 x_2}$$

을 최대화하는 문제로 보아[64], a와 b를 구하는 것이었다.

이제 더 나아가, 라그랑제 승수인 λ의 의미를 보기로 하자. 전술하였듯이

$$L = a^2 S_{x_1}^2 + b^2 S_{x_2}^2 + 2ab S_{x_1 x_2} - \lambda(a^2 + b^2 - 1)$$

을 a와 b로 편미분하면

$$\frac{\partial L}{\partial a} = 2a S_{x_1}^2 + 2b S_{x_1 x_2} - 2a\lambda = 0$$

$$\frac{\partial L}{\partial b} = 2b S_{x_2}^2 + 2a S_{x_1 x_2} - 2b\lambda = 0$$

가 되고, 위의 두 식은

---

64) 이 장의 앞에서 $L = a^2 S_{x_1}^2 + b^2 S_{x_2}^2 + 2ab S_{x_1 x_2} - \lambda(a^2 + b^2 - 1)$을 a와 b로 편미분하기 위해, $\frac{\partial L}{\partial a} = 2a S_{x_1}^2 + 2b S_{x_1 x_2} - 2a\lambda = 0$와 함께 $\frac{\partial L}{\partial b} = 2b S_{x_2}^2 + 2b S_{x_2}^2 + 2a S_{x_1 x_2} - 2b\lambda = 0$를 하였다. 이와 같이 $\frac{\partial L}{\partial a}$와 $\frac{\partial L}{\partial b}$를 한 이유가 $z(=ax_1 + bx_2)$에 대한 분산의 합(S_z^2)의 의미를 가지는 $S_z^2 = a^2 S_{x_1}^2 + b^2 S_{x_2}^2 + 2ab S_{x_1 x_2}$를 a와 b의 함수로 보았기 때문이라는 것이다. 물론 $S_z^2 = \frac{1}{n-1}[(z_1 - \bar{z})^2 + \cdots + (z_n - \bar{z})^2]$이다.

$$2\left(aS_{x_1}^2 + b\,S_{x_1 x_2}\right) = 2a\lambda$$

$$2\left(bS_{x_2}^2 + a\,S_{x_1 x_2}\right) = 2b\,\lambda$$

가 된다고 하였다. 이러한

$$aS_{x_1}^2 + b\,S_{x_1 x_2} = a\lambda_i$$

$$bS_{x_2}^2 + a\,S_{x_1 x_2} = b\,\lambda_i$$

은

$$a \cdot \left(aS_{x_1}^2 + b\,S_{x_1 x_2}\right) = a \cdot a\lambda_i$$

$$b \cdot \left(bS_{x_2}^2 + a\,S_{x_1 x_2}\right) = b \cdot b\lambda_i$$

가 되므로, 두 식을 더하면

$$a^2 S_{x_1}^2 + 2ab\,S_{x_1 x_2} + b^2 S_{x_2}^2 = \left(a^2 + b^2\right) \cdot \lambda_i$$

가 된다. 그런데, 이 식의 좌변인

$$a^2 S_{x_1}^2 + 2ab\,S_{x_1 x_2} + b^2 S_{x_2}^2$$

는, 이 문제의 목적[65]인 x_1과 x_2의 분산인

$$S_z^2 = a^2 S_{x_1}^2 + b^2 S_{x_2}^2 + 2ab S_{x_1 x_2}$$

과 동일하고, 우변의

$$(a^2 + b^2) \cdot \lambda_i$$

는 λ_i가 된다[66]. 그러므로 x_1과 x_2의 분산을 $V(z_i)$로 표시하면

$$V(z_i) = \lambda_i$$

가 된다. 여기서

$$V(z_i) = \begin{bmatrix} S_{x_1}^2 & S_{x_1 x_2} \\ S_{x_1 x_2} & S_{x_2}^2 \end{bmatrix}$$

이므로[67],

---

65) 이 문제의 목적은, $a^2 + b^2 = 1$의 제약조건에서 $z(=ax_1 + bx_2)$에 대한 분산의 합(S_z^2)의 의미를 가지는 $S_z^2 = a^2 S_{x_1}^2 + b^2 S_{x_2}^2 + 2ab S_{x_1 x_2}$를 최대화하는 것이다.

66) 제약조건에서 $a^2 + b^2 = 1$이기에, $(a^2 + b^2) \cdot \lambda_i = \lambda_i$이다.

$$V(z_i) = \lambda_i$$

는

$$\begin{bmatrix} S_{x_1}^2 & S_{x_1 x_2} \\ S_{x_1 x_2} & S_{x_2}^2 \end{bmatrix} = \lambda_i$$

가 된다. 이는 또한

$$\begin{bmatrix} S_{x_1}^2 & S_{x_1 x_2} \\ S_{x_1 x_2} & S_{x_2}^2 \end{bmatrix} \begin{bmatrix} a \\ b \end{bmatrix} = \lambda \begin{bmatrix} a \\ b \end{bmatrix}$$

로 표시할 수 있다.

지금까지 x_1과 x_2의 분산인 $V(z_i)$와 라그랑제 승수 λ_i의 관계를 설명하였다. 여기서 라그랑제 승수인 λ_i를 고유치 (Eigen−value 또는 characteristic root)라 하고, 벡터 $\begin{bmatrix} a \\ b \end{bmatrix}$

---

67) 이는 분산–공분산행렬이 되며,

$\begin{bmatrix} \sigma_{11} & \sigma_{12} \\ \sigma_{21} & \sigma_{22} \end{bmatrix}$이나, $\begin{bmatrix} S_{11}^2 & S_{12} \\ S_{12} & S_{22}^2 \end{bmatrix}$ 및 $\begin{bmatrix} var(x_1) & cov(x_1, x_2) \\ cov(x_2, x_1) & var(x_2) \end{bmatrix}$로 표시하기도 한

다. 1.2.3.에서 말했듯이, 분산–공분산행렬에 대한 일반식은
$\begin{bmatrix} \sigma_{11} & \sigma_{12} & \cdots & \sigma_{1p} \\ \sigma_{21} & \sigma_{22} & \cdots & \sigma_{2p} \\ \vdots & \vdots & & \vdots \\ \sigma_{p1} & \sigma_{p2} & \cdots & \sigma_{pp} \end{bmatrix}$이며, 분산–공분산행렬은 공분산의 기본개념인

$Cov(x, y) = E[(x - \mu_x)] \ E[(y - \mu_y)]$이다.

를 아이겐벡터(Eigenvector)라 한다[68].

2.3.1.2. 행렬인 경우

지금까지 2변량의 경우를 설명했는데, 여기에서는 행렬의 경우를 보기위해 $\underline{X}$의 공분산행렬 Σ가 고유치행렬 λ로 되는 것을 설명해보기로 한다.

먼저 $p \times p$의 정방행렬상태인 실측치 X_i와 관련하여,

$$Z_1 = \beta_{11}X_1 + \beta_{21}X_2 + \cdots + \beta_{p1}X_p = \underline{\beta_1}' \underline{X}$$
$$\vdots$$
$$Z_p = \beta_{1p}X_1 + \beta_{2p}X_2 + \cdots + \beta_{pp}X_p = \underline{\beta_p}' \underline{X}$$

를 가정한다. 이 행렬에서 Z_i의 분산은

$$Var(Z_i) = \underline{\beta_i}' \Sigma \beta_i$$

이며, 이를 최대화하기 위한 조건은 다음과 같다.[69]

최대값: $\beta' \Sigma \beta$

---

68) 고유치는 λ로 표시되는 것이 보통인데, 이는 라그랑제 함수의 λ와 같은 개념이다. 고유치와 라그랑제 함수의 관계는 수리전개에서 볼 수 있다.

69) 요인분석에서 Y_i의 분산을 최대화한 값은 i번째 주성분의 성격을 띄며, 이를 최대화하기 위해서 라그랑제 승수법을 쓴다.

제약조건: $\beta' \beta = 1$.

이를 위해서 라그랑제 함수(L)를 만들어 구하면,

$$L = \beta' \Sigma \beta - \lambda (\beta' \beta - 1)$$

가 되고[70], L을 λ와 β에 대해 편미분하면,

$$\frac{\partial L}{\partial \lambda} = \beta \beta' - 1 = 0$$

$$\frac{\partial L}{\partial \beta} = 2\Sigma \beta - 2\lambda \beta = 0$$

가 된다. 그러므로

$$2\Sigma \beta - 2\lambda \beta = 0$$

가 되는데[71], 이를 바꾸어 쓰면

---

70) 이는 2.3.1.1.에서 설명한 바와 같이, $z = ax_1 + bx_2$의 이차원으로 할 때 제약조건인 $a^2 + b^2 = 1$에서 $S_z^2 = a^2 S_{x_1}^2 + b^2 S_{x_2}^2 + 2ab S_{x_1 x_2}$를 최대화 하는 것과 동일하다.

71) β'는 β의 전치행렬이어서 $\beta \beta' = 1$은 모든 β에 적용되고, $\frac{\partial L}{\partial \beta}$와 $\frac{\partial L}{\partial \beta'}$는 동등하여 하나를 생략하였다. 그리하여 $2\Sigma \beta - 2\lambda \beta = 0$이라는

$$\Sigma\,\underline{\beta} = \lambda\,\underline{\beta}$$

가 된다. 즉

$$\Sigma = \lambda$$

가 성립한다[72].

2.3.2. 선형변환

선형변환(linear transformation)이란 함수를 이용하여 어떤 벡터를 다른 벡터로 변형시키는 것을 말한다. 물론 $\underline{Z}$는 $\underline{X}$의 함수관계가 된다. 즉

$$\underline{Z}$$

$$= \underline{A} \cdot \underline{X}$$

$$= f(\underline{X})$$

의 관계가 성립한다. 그리하여 n차원의 선형변환은

하나의 조건만 남는다. $2\Sigma\underline{\beta} - 2\lambda\underline{\beta} = 0$에서 계수가 각각 2인 이유는, 전치행렬과의 곱인 $\underline{X}\,\underline{X}'$에 대한 미분을 하면 2가 되기 때문이다.

72) 이 뜻은 라그랑제 승수 λ가 Z_i의 분산을 최대화하는 고유치가 된다는 것이다.

$$\begin{bmatrix} z_1 \\ z_2 \\ \vdots \\ z_n \end{bmatrix} = f\left(\begin{bmatrix} x_1 \\ x_2 \\ \vdots \\ x_n \end{bmatrix}\right)$$

을 말하는 것이 된다[73].

선형변환의 이해를 쉽게 하기 위하여, 벡터 v끝의 2차원 좌표를 (x, y)로 하는 <그림 4>의 예를 생각해 보기로 한다.

〈그림 4〉

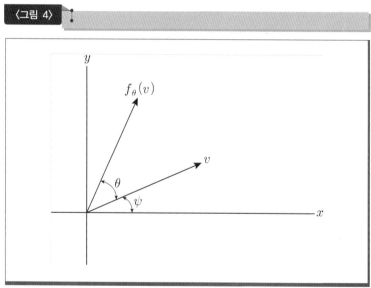

출처: 강병서/ 정혜영 (2005), 215.

---

73) 이해의 편의를 위해 2차원의 행렬로 표시하면, $\begin{bmatrix} z_1 \\ z_2 \end{bmatrix} = \begin{bmatrix} a_{11} & a_{12} \\ a_{21} & a_{22} \end{bmatrix} \begin{bmatrix} x_1 \\ x_2 \end{bmatrix}$ 가

된다. $A \cdot X = Z$에서 X가 Z로 선형변환되었다면, 그렇게 변하게 한 A를 구하여 X가 Z로 변한 상태를 알아낼 수 있다. 여기서 A는 역행렬(inverse matrix)이 존재하는 정칙행렬(regular matrix)이어야 한다.

먼저

$$x = r \cdot \cos\psi$$

$$y = r \cdot \sin\psi$$

임을 알 수 있어, $\underline{v}$벡터를

$$\underline{v} = x \cdot i + y \cdot j$$

로 표시하면[74],

$$\underline{v} = (r \cdot \cos\psi) \cdot i + (r \cdot \sin\psi) \cdot j$$

가 된다. 새로운 벡터 $f(\underline{v})$의 각도는 $(\theta + \psi)$이므로,

$$f(\underline{v}) = [r \cdot \cos(\theta + \psi)] \cdot i + [r \cdot \sin(\theta + \psi)] \cdot j$$

가 된다. 이는 삼각함수의 법칙에 의해

$$f(\underline{v})$$

$$= [r \cdot \cos(\theta + \psi)] \cdot i + [r \cdot \sin(\theta + \psi)] \cdot j$$

---

74) 여기서 $i = (1, 0)$이고, $j = (0, 1)$인 단위벡터이다.

$$= [r \cdot \cos\theta \cdot \cos\psi - r \cdot \sin\theta \cdot \sin\psi] \cdot i$$
$$+ [r \cdot \sin\theta \cdot \cos\psi + r \cdot \cos\theta \cdot \sin\psi] \cdot j$$

$$= [x \cdot \cos\theta - y \cdot \sin\theta] \cdot i$$
$$+ [x \cdot \sin\theta + y \cdot \cos\theta] \cdot j$$

가 된다[75]. 즉 새로운 벡터 $f(\underline{v})$는 기존의 벡터 $v(x, y)$에 대해

$$f(\underline{v})$$

$$= [r \cdot \cos(\theta + \psi)] \cdot i + [r \cdot \sin(\theta + \psi)] \cdot j$$

$$= [x \cdot \cos\theta - y \cdot \sin\theta] \cdot i$$
$$+ [x \cdot \sin\theta + y \cdot \cos\theta] \cdot j$$

의 관계를 가지며, 이는 그만큼 선형변환이 일어난 것을 말해주고 있다. 물론 위의 식을 벡터로 표시하면,

$$f\left(\begin{bmatrix} x \\ y \end{bmatrix}\right) = \begin{bmatrix} \cos\theta & -\sin\theta \\ \sin\theta & \cos\theta \end{bmatrix} \cdot \begin{bmatrix} x \\ y \end{bmatrix}$$

가 된다. 이는 전술하였듯이,

---

75) 원점에서 점 (x, y)까지의 거리가 r일 때, $x = r \cdot \cos\psi$이고 $y = r \cdot \sin\psi$이기 때문이다.

$$f(\underline{X}) = \underline{A} \cdot \underline{X}$$

및

$$\begin{bmatrix} z_1 \\ z_2 \end{bmatrix} = \begin{bmatrix} a_{11} & a_{12} \\ a_{21} & a_{22} \end{bmatrix} \begin{bmatrix} x_1 \\ x_2 \end{bmatrix}$$

로 표시되는 선형변환의 대표적인 한 형태임을 알 수 있다. 즉 ψ의 각도를 가진 기존의 벡터 $v(x, y)$를 θ의 각도만큼 회전하면, $\begin{bmatrix} \cos\theta & -\sin\theta \\ \sin\theta & \cos\theta \end{bmatrix}$ 만큼의 선형변환이 일어나게

된다는 것을 보여주고 있는 것이다[76].

이번에는 두 개의 변수 X_i와 X_j에 대한 공분산을 $Cov(X_i, X_j)$라 하고, 그의 공분산행렬(Σ)을 보기로 하면

$$\Sigma$$

$$= Cov(\underline{X})$$

$$= Cov(\mu_{\underline{X}} + \underline{A}\,\underline{F} + \underline{\epsilon})$$

---

76) 이와 같이 선형변환을 통해, 영역 $R^{(m)}$에 있는 임의의 점이나 벡터를 다른 영역 $R^{(n)}$에 있는 점이나 벡터로 옮길 수 있는데, 이는 이를 $f: R^{(m)} \to R^{(n)}$ 이라 표시한다.

$$= Cov(\underline{A}\ \underline{F}) + Cov(\underline{\epsilon})$$

$$= \underline{A}\ Cov(\underline{F})\ \underline{A}\,' + \underline{0}$$

이 된다. 그런데

$$Cov(\underline{F})$$

$$= E(\underline{F}\ \underline{F}\,')$$

$$= I$$

이므로, 위의 식은

$$\Sigma$$

$$= \underline{A}\ Cov(\underline{F})\ \underline{A}\,'$$

$$= \underline{A}\ \underline{A}\,'$$

가 된다. Σ는 고유치에 대한 행렬 λ이므로

$$\Sigma$$

$$= \lambda$$

$$= \underline{A}\ \underline{A}\,'$$

가 된다. 물론 여기서

$$\underline{A} = \begin{bmatrix} a_{11} & a_{12} & \cdots & a_{1m} \\ a_{21} & a_{22} & \cdots & a_{2m} \\ \vdots & \vdots & & \vdots \\ a_{p1} & a_{p2} & \cdots & a_{pm} \end{bmatrix}$$

이다. 그리고

$$\Sigma = \underline{A}\,\underline{A}'$$

라 하였기에,

$$\Sigma = \lambda = \underline{A}\,\underline{A}'$$

가 된다[77].

2.3.3. 고유치

2.3.3.1. 고유치의 의미

정칙행렬 $\underline{X}$를 도입하는 선형변환을 통해[78], 영역 $R^{(m)}$에

---

77) 여기서 고유치 λ는 $\underline{A}\,\underline{A}'$는 가 되는 것을 볼 수 있다. 그러므로 요인 F_1의 예를 들 때, 그에 대한 고유치는 $\lambda_1 = \sum_{i=1}^{p} a_{i1}^2 = a_{11}^2 + a_{21}^2 + \cdots + a_{p1}^2$가 되어, 아이겐은 요인부하량의 제곱을 더한 값이라는 것을 알 수 있다.

있는 임의의 행렬을 다른 영역 $R^{(n)}$에 있는 행렬로 옮길 수 있다고 하였는데[79], 이러한 선형변환은 고유치의 의미를 찾는 데에 유용하다.

선형변환을 통해 고유치를 찾기 위해서는, 영역 $R^{(m)}$에 있는 임의의 정방행렬(square matrix)인 K를 다른 영역 $R^{(n)}$에 있는 대각행렬(diagonal matrix)인 λ로 바꾸어야 한다[80]. 이를 위해 역행렬이 존재하는 정칙행렬 X를 도입하여 선형변환을 한다. 즉 정방행렬인 K에 정칙행렬 X를 도입하면,

$$X^{-1} K X$$

$$= \lambda$$

---

78) 2.3.2.의 A에 대해, 여기에서는 설명의 편의상 X로 다르게 표현하였다.

79) 2.3.2.에서는, 기존의 $R^{(m)}$에 있는 $\begin{bmatrix} x_1 \\ x_2 \end{bmatrix}$가 다른 영역 $R^{(n)}$에 있는 $\begin{bmatrix} z_1 \\ z_2 \end{bmatrix}$로 선형변환을 한 간단한 경우를 보았다.

80) 여기서 정방행렬이란 $m = n$인 행렬이며, 대각행렬은 $\begin{bmatrix} u\,0\,0 \\ 0\,v\,0 \\ 0\,0\,w \end{bmatrix}$와 같이 대각선원소 이외의 모든 원소가 모두 0인 정방행렬을 말한다.

$$= \begin{bmatrix} \lambda_1 & 0 & \cdots & 0 \\ 0 & \lambda_2 & \cdots & 0 \\ \vdots & \vdots & & \vdots \\ 0 & 0 & \cdots & \lambda_m \end{bmatrix}$$

와 같이 대각행렬인 $\underline{\lambda}$로 선형변환이 일어난다는 것이다. 그리고

$$\underline{X}^{-1}\underline{K}\,\underline{X} \ = \ \underline{\lambda}$$

는

$$\underline{K}\,\underline{X} \ = \ \underline{X}\,\underline{\lambda}$$

와 동일하고, 이는

$$\underline{K}\,\underline{X} - \underline{X}\,\underline{\lambda} \ = \ \underline{0}$$

이며, 이는 또

$$(\underline{K} - \underline{\lambda}I)\,\underline{X} \ = \ \underline{0}$$

로 바꿀 수 있다[81]. 이와 같이 영역 $R^{(m)}$에 있는 임의의 행렬을 다른 영역 $R^{(n)}$에 있는 행렬로 옮기는 선형변환을

하여,

$$(\underline{K} - \lambda I)\underline{X} = \underline{0}$$

라는 식을 만들 수 있다. 이러한 식이 성립될 때, $\underline{\lambda}$를 고유행렬이라 한다. 물론 고유행렬 $\underline{\lambda}$는 고유치인 원소 λ_i로 이루어져 있다.

지금까지 임의의 정방행렬인 $\underline{K}$에 대해 선형변환을 하여, 고유행렬 $\underline{\lambda}$의 의미를 알아보았다. 여기서

$$\underline{X} \neq \underline{0}$$

인 해를 갖기 위한 조건은 행렬식

$$|\underline{K} - \underline{\lambda} I| = \underline{0}$$

이기에[82], 이를 이용하여 고유행렬 $\underline{\lambda}$의 값을 구할 수 있다.

---

81) 여기서 I는 $\begin{bmatrix} 1 & 0 \cdots 0 \\ 0 & 1 \cdots 0 \\ \vdots & \vdots & \vdots \\ 0 & 0 \cdots 1 \end{bmatrix}$ 형태의 항등행렬(identity matrix)이다. 이것은
   단위행렬(unit matrix)이다.

82) 이 방정식을 $\underline{\lambda}$를 풀기위한 고유방정식(characteristic equation)이라
   고 한다.

예를 들어

$$\underline{K} = \begin{bmatrix} a & b \\ c & d \end{bmatrix}$$

라 하면,

$$\underline{K} - \underline{\lambda} I$$

$$= \begin{bmatrix} a & b \\ c & d \end{bmatrix} - \underline{\lambda} \begin{bmatrix} 1 & 0 \\ 0 & 1 \end{bmatrix}$$

$$= \begin{bmatrix} a-\lambda & b \\ c & d-\lambda \end{bmatrix}$$

가 된다. 그런데 $\underline{K} - \underline{\lambda} I$의 행렬식은

$$|\underline{K} - \underline{\lambda} I| = \underline{0}$$

가 되어야 하므로,

$$|\underline{K} - \underline{\lambda} I|$$

$$= (a-\lambda)(d-\lambda) - bc$$

$$= \lambda^2 - (a+d)\lambda + (ad - bc)$$

$$= 0$$

이기에,

$$\lambda = \frac{(a+d) \pm \sqrt{(a+d)^2 - 4(a+d)(ad-bc)}}{2}$$

를 구할 수 있다.

이렇게 고유치 λ_i으로 이루어진 고유행렬 $\underline{\lambda}$를 구하면,

$$(\underline{K} - \underline{\lambda}I)\underline{X} = \underline{0}$$

를 이용하여 이의 해인 x_i에 대한 아이겐벡터 $\underline{X}$도 구할 수 있다[83]. 왜냐하면, 각각의

---

83) 물론 $\underline{X}$는 임의의 행렬인 $\underline{K}$의 선형변환을 위해 만들어진 정칙행렬의 성격을 가질 뿐이었다. 그리하여 논리적인 방법은, $\underline{K}$의 선형변환을 위한 정칙행렬 $\underline{P}$를 위한 $(\underline{K} - \underline{\lambda}I)\underline{P} = \underline{0}$를 만들어 임의의 행렬인 $\underline{K}$의 고유행렬인 $\underline{\lambda}$를 찾는 것으로 일단락하여 끝난다. 이리하여 $\underline{P}$를 아이 겐벡터라 한다. 그 후 x_i에 대한 연립방정식 $(\underline{K} - \underline{\lambda}I)\underline{X} = \underline{0}$에 대하여 이 식의 해인 $\underline{X}$를 구하고 싶을 때에만, $\underline{\lambda}$를 새로운 식의 계수행렬로 보아, 이 식의 해인 $\underline{X}$를 구하는 것이 정상적인 방법이다. 이 때에는 $\underline{X}$가 정칙행렬 $\underline{P}$와 같은 아이겐벡터의 성격이라기보다는, x_i에 대한 연립방정식 $(\underline{K} - \underline{\lambda}I)\underline{X} = \underline{0}$에 대한 해로서의 성격이다. 그러나 이 과정이 복잡하여, 본서에서는 선형변환을 하기 위한 정칙행렬에 대해 $\underline{P}$ 대신 바로 $\underline{X}$를 넣어, $\underline{X}$를 아이겐벡터로서의 성격 뿐 아니라 x_i에 대한 연립방정식의 해로서의 성격을 동시에 하도록 하였다.

$$\lambda_i \;=\; \frac{(a+d) \pm \sqrt{(a+d)^2 - 4(a+d)(ad-bc)}}{2}$$

에 대하여, 이미 알고 있는

$$\underline{K} \;=\; \begin{bmatrix} a & b \\ c & d \end{bmatrix}$$

와

$$I \;=\; \begin{bmatrix} 1 & 0 \\ 0 & 1 \end{bmatrix}$$

를 대입하면,

$$(\underline{K} - \underline{\lambda}I)\,\underline{X} \;=\; \underline{0}$$

의 해인 아이겐벡터 $\underline{X}$ 를 구할 수 있기 때문이다[84].

---

84) 물론 $\underline{X}$ 는 해인 x_i 를 원소로 하는 행렬이기에, 고유치인

$\lambda_i \;=\; \dfrac{(a+d) \pm \sqrt{(a+d)^2 - 4(a+d)(ad-bc)}}{2}$ 에 대해 각각의 해인 x_{ij} 를

구할 수 있다.

2.3.3.2. 연립방정식에의 적용

지금까지의 설명을 직접 연립방정식에 적용하여 보기로 한다. 이에는 연립방정식에서 그의 해인 x_i를 구하는 문제와 임의의 행렬에 대한 고유치 λ_i를 구하는 문제로 나눌 수 있다.

첫째로, 연립방정식의 해인 x_i를 구하는 문제에 대해 설명하면 다음과 같다. 전술한

$$\underline{K}\,\underline{X} \;=\; \underline{X}\,\underline{\lambda}$$

를 행렬로 나타내면

$$
\begin{bmatrix}
k_{11} & k_{12} & \cdots & k_{1m} \\
k_{21} & k_{22} & \cdots & k_{2m} \\
\vdots & \vdots & & \vdots \\
k_{m1} & k_{m2} & \cdots & k_{mm}
\end{bmatrix}
\begin{bmatrix}
x_1 \\
x_2 \\
\vdots \\
x_m
\end{bmatrix}
=
\begin{bmatrix}
\lambda_1 x_1 \\
\lambda_2 x_2 \\
\vdots \\
\lambda_m x_m
\end{bmatrix}
$$

와 같고, 이는

$$k_{11}x_1 + k_{12}x_2 + \cdots + k_{1m}x_m \;=\; \lambda_1 x_1$$

$$k_{21}x_1 + k_{22}x_2 + \cdots + k_{2m}x_m \;=\; \lambda_2 x_2$$
$$\vdots$$

$$k_{m1}x_1 + k_{m2}x_2 + \cdots + k_{mm}x_m = \lambda_m x_m$$

이다. 그리고

$$(\underline{K} - \underline{\lambda}\underline{I})\underline{X} = \underline{0}$$

를 행렬로 나타내면

$$\begin{bmatrix} k_{11}-\lambda_1 & k_{12} & \cdots & k_{1m} \\ k_{21} & k_{22}-\lambda_2 & \cdots & k_{2m} \\ \vdots & \vdots & & \vdots \\ k_{m1} & k_{m2} & \cdots & k_{mm}-\lambda_m \end{bmatrix} \begin{bmatrix} x_1 \\ x_2 \\ \vdots \\ x_m \end{bmatrix} = \begin{bmatrix} 0 \\ 0 \\ \vdots \\ 0 \end{bmatrix}$$

이고, 이는

$$(k_{11}-\lambda_1)x_1 + k_{12}x_2 + \cdots + k_{1m}x_m = 0$$

$$k_{21}x_1 + (k_{22}-\lambda_2)x_2 + \cdots + k_{2m}x_m = 0$$
$$\vdots$$
$$k_{m1}x_1 + k_{m2}x_2 + \cdots + (k_{mm}-\lambda_m)x_m = 0$$

과 동일하다. 여기서

$$\begin{bmatrix} k_{11}-\lambda_1 & k_{12} & \cdots & k_{1m} \\ k_{21} & k_{22}-\lambda_2 & \cdots & k_{2m} \\ \vdots & \vdots & & \vdots \\ k_{m1} & k_{m2} & \cdots & k_{mm}-\lambda_m \end{bmatrix}$$

에 대한 행렬식인

$$|\underline{K} - \underline{\lambda} I| = \underline{0}$$

을 이용하여 고유치의 행렬

$$\underline{\lambda} = \begin{bmatrix} \lambda_1 \\ \lambda_2 \\ \vdots \\ \lambda_m \end{bmatrix}$$

의 값을 구할 수 있고, $\underline{\lambda}$의 값을 이용하여

$$(\underline{K} - \underline{\lambda} I)\underline{X} = \underline{0}$$

의 해인

$$\underline{X} = \begin{bmatrix} x_1 \\ x_2 \\ \vdots \\ x_m \end{bmatrix}$$

를 구할 수 있다.

둘째로, 임의의 행렬에 대한 고유치 λ_i를 구하는 문제는

다음과 같이 설명된다. 임의의 행렬

$$
\begin{bmatrix}
k_{11} & k_{12} & \cdots & k_{1m} \\
k_{21} & k_{22} & \cdots & k_{2m} \\
\vdots & \vdots & & \vdots \\
k_{m1} & k_{m2} & \cdots & k_{mm}
\end{bmatrix}
$$

의 고유치를 구하라는 말은, 이 행렬을

$$
\underline{K}\,\underline{X} = \underline{X}\,\underline{\lambda}
$$

의 계수행렬로 보아 그의 원식인

$$
k_{11}x_1 + k_{12}x_2 + \cdots + k_{1m}x_m = \lambda_1 x_1
$$

$$
k_{21}x_1 + k_{22}x_2 + \cdots + k_{2m}x_m = \lambda_2 x_2
$$
$$
\vdots
$$
$$
k_{m1}x_1 + k_{m2}x_2 + \cdots + k_{mm}x_m = \lambda_m x_m
$$

에서

$$
\underline{\lambda} =
\begin{bmatrix}
\lambda_1 \\
\lambda_2 \\
\vdots \\
\lambda_m
\end{bmatrix}
$$

을 구하라는 말과 동일하다.

2.3.4. 요인분석의 내용

이러한 성질의 아이겐값은 $p \times p$개의 변수를 $m(<p)$개의
요인으로 줄이는 통계방법인 <그림 5>의 요인분석에서
매우 중요하다.

〈그림 5〉

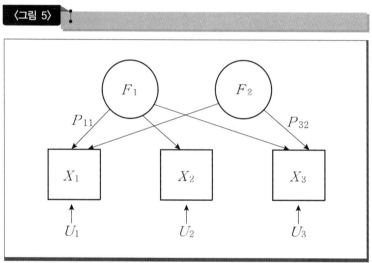

출처: 박광배 (2004), 89.

먼저 변수를 요인으로 줄인다는 것은 변수행렬과 요인행
렬 사이에는 공분산행렬 $Cov(\underline{X}, \underline{F})$가 존재한다는 의미이
다. 이러한 변수와 요인 사이의 공분산을 요인부하량
(factor loading)이라고 한다.

p개의 변수 x_i는 $m(<p)$개의 공통된 요인을 가지고 있다는 것은 변수와 요인은 그들 사이에 존재하는 요인부하량 a_{ij}를 매개로 하는 식인

$$X_1 = \mu_1 + a_{11}F_1 + a_{12}F_2 + \cdots + a_{1m}F_m + \epsilon_1$$

$$X_2 = \mu_2 + a_{21}F_2 + a_{22}F_2 + \cdots + a_{2m}F_m + \epsilon_2$$

$$\vdots$$

$$X_p = \mu_p + a_{p1}F_1 + a_{p2}F_2 + \cdots + a_{pm}F_m + \epsilon_p$$

이 존재한다는 것이다[85]. 이 식은

$$\underline{X} = \begin{bmatrix} X_1 \\ X_2 \\ \vdots \\ X_p \end{bmatrix} \quad \mu_{\underline{X}} = \begin{bmatrix} \mu_1 \\ \mu_2 \\ \vdots \\ \mu_p \end{bmatrix} \quad \underline{F} = \begin{bmatrix} F_1 \\ F_2 \\ \vdots \\ F_p \end{bmatrix}$$

$$\underline{A} = \begin{bmatrix} a_{11} & a_{12} & \cdots & a_{1m} \\ a_{21} & a_{22} & \cdots & a_{2m} \\ \vdots & \vdots & & \vdots \\ a_{p1} & a_{p2} & \cdots & a_{pm} \end{bmatrix} \quad \underline{\epsilon} = \begin{bmatrix} \epsilon_1 \\ \epsilon_2 \\ \vdots \\ \epsilon_p \end{bmatrix}$$

을 이용하여

---

85) 2.3.1.의 주성분분석에서 2차원으로 설명할 때에는 $z = ax_1 + bx_2$로 나타내어 주성분을 찾았는데, 이를 요인분석에서 2차원으로 설명할 때에는 $X = aF_1 + bF_2$의 형태로 나타내어 요인을 찾을 수 있다. 여기서 $X_p = \mu_p + a_{p1}F_1 + a_{p2}F_2 + \cdots + a_{pm}F_m + \epsilon_p$은 요인분석에서 2차원의 $X = aF_1 + bF_2$에 대해 요인의 수를 늘린 것에 불과하다.

$$\underline{X} = \mu_{\underline{X}} + \underline{A}\,\underline{F} + \underline{\epsilon}$$

와 같이 표시할 수 있다. 여기서 μ_i는 i번째 변수 X_i의 평균치, F_j는 j번째 요인, a_{ij}는 X_i에 대한 F_j의 가중치, ϵ_i는 X_i의 오차를 말한다. 상기한 식

$$\underline{X} = \mu_{\underline{X}} + \underline{A}\,\underline{F} + \underline{\epsilon}$$

에서 $\underline{X}$와 $\underline{F}$의 공분산행렬은

$$Cov\,(\underline{X},\ \underline{F})$$

$$= E[\,(\underline{X} - \mu_{\underline{X}})\,(\underline{F} - \mu_{\underline{F}})'\,]$$

$$= E[\,(\mu_{\underline{X}} + \underline{A}\,\underline{F} + \underline{\epsilon} - \mu_{\underline{X}})\,(\underline{F} - \underline{0})'\,]$$

$$= E[\,(\underline{A}\,\underline{F} + \underline{\epsilon})\,(\underline{F})'\,]$$

$$= E[\,(\underline{A}\,\underline{F}\,\underline{F}' + \underline{\epsilon}\,\underline{F}')\,]$$

$$= \underline{A}\,I + \underline{0}$$

$$= \underline{A}$$

로 표현된다. 전술하였듯이, $\underline{A}$는 요인부하량의 행렬이고,

$$\underline{A} = Cov(\underline{X}, \underline{F})$$

즉

$$a_{ij} = Cov(X_i, F_j)$$

이므로, 요인부하량이란 변수 X_i와 요인 F_j의 공분산이라는 것을 알 수 있다.

지금까지와 같이

$$Z_p = \underline{\beta_p}' \underline{X}$$

형태의 주성분분석과

$$\underline{X} = \mu_{\underline{X}} + \underline{A}\,\underline{F} + \epsilon$$

형태의 요인분석의 수리전개를 하면서, 주성분분석과 요인분석은 내부적으로 매우 밀접한 관련이 있다는 것을 보았다.

2.3.5. 직교변환

직교좌표계의 원점을 중심으로 한 상태에서, x축과 y축을 90도가 유지한 채 회전시키는 것을 직교변환이라고 한다.

이러한 직교변환에 관한 예를 <그림 6>을 통해서 설명
해 보기로 한다.

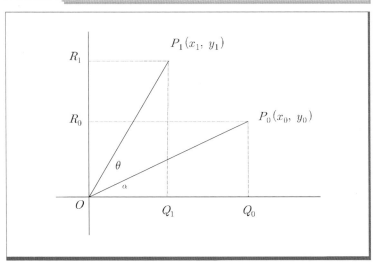

출처: 김수택 (2009), 318.

원래 직교좌표계의 원점에서 $\alpha°$ 선상에 존재하는 한 점
$P_0(x_0,\ y_0)$이 있다고 하고, 원점 $O(0,0)$에서 $P_0(x_0,\ y_0)$까
지의 거리인 $\overline{OP_0}$를 r이라고 하자($\overline{OP} = r$). 이 때 x축과
y축을 $\theta°$로 직교회전시키면, 그 점은 $(\alpha + \theta)°$ 선상의 새
로운 점 $P_1(x_1,\ y_1)$이 된다.

즉 $\angle P_0 O Q_0 = \alpha$

이고

$$\angle\,P_1OP_0 = \theta$$

이기에,

$$\angle\,P_1OQ_1 = \alpha + \theta$$

이다. 그리고

$$x_0 = \overline{OQ_0} = r\cos\alpha,$$

$$y_0 = \overline{OR_0} = r\sin\alpha$$

이고,

$$x_1 = \overline{OQ_1} = r\cos(\alpha + \theta) = x_0\cos\theta - y_0\sin\theta,$$

$$y_1 = \overline{OR_1} = r\sin(\alpha + \theta) = x_0\sin\theta + y_0\cos\theta$$

가 된다. 위의 전개는 다음과 같은 속성에서 연유한다. 즉

$$x_0 = r\cos\alpha$$

이고

$$y_0 = r \sin \alpha$$

인 상태에서, 삼각함수의 가법정리에 따른다. 그러면

$$r \cos (\alpha + \theta)$$

$$= r(\cos \alpha \cdot \cos \theta - \sin \alpha \cdot \sin\theta)$$

$$= x_0 \cos \theta - y_0 \sin \theta$$

이고

$$r \sin (\alpha + \theta)$$

$$= r(\sin \alpha \cdot \cos\theta + \cos \alpha \cdot \sin \theta)$$

$$= x_0 \sin \theta + y_0 \cos \theta$$

이 된다. 이를 행렬식으로 바꿔 쓰면

$$\underline{X_1}$$

$$= \begin{bmatrix} x_1 \\ y_1 \end{bmatrix}$$

$$= \begin{bmatrix} \cos \theta & -\sin \theta \\ \sin \theta & \cos \theta \end{bmatrix} \cdot \begin{bmatrix} x_0 \\ y_0 \end{bmatrix}$$

이 되는데, 여기서

$$\begin{bmatrix} \cos\theta & -\sin\theta \\ \sin\theta & \cos\theta \end{bmatrix}$$

는 다음과 같이

$$\begin{bmatrix} \cos\theta & -\sin\theta \\ \sin\theta & \cos\theta \end{bmatrix} \cdot \begin{bmatrix} \cos\theta & -\sin\theta \\ \sin\theta & \cos\theta \end{bmatrix}'$$

$$= I$$

과 같이 전치행렬과의 곱이 단위행렬 I 를 만들므로, 직교행렬의 성격을 가진다[86].

이렇게

$$\underline{X_1} \;=\; \underline{A} \cdot \underline{X_0}$$

의 식에서

$$\underline{A} \cdot \underline{A}' \;=\; I$$

가 되어 행렬 $\underline{A}$ 가 직교행렬의 성격을 가진다는 것은, $\underline{X_0}$

---

86) 직교행렬은 $\underline{F}\underline{F}' = \underline{F}'\underline{F} = I$의 성질이 있다.

에서 θ도만큼 회전한 좌표행렬 $\underline{X_1}$가 90도를 유지한 채 직교변환을 하였다는 뜻이다.

이런 상태에서 행렬 $\underline{X_1}$에 대한 벡터의 크기[87]인 $\|\underline{X_1}\|$를 제곱하면

$$\|\underline{X_1}\|^2$$

$$= x_1^2 + y_1^2$$

$$= (x_0 \cos\theta - y_0 \sin\theta)^2 + (x_0 \sin\theta + y_0 \cos\theta)^2$$

$$= x_0^2 (\sin^2\theta + \cos^2\theta) + y_0^2 (\sin^2\theta + \cos^2\theta)$$

$$= x_0^2 + y_0^2$$

$$= \|\underline{X_0}\|^2$$

이므로

$$\|\underline{X_1}\| = \|\underline{X_0}\|$$

이다.

---

87) 이는 원점 $O(0,0)$에서 $P_0(x_0, y_0)$까지의 거리(≥ 0)를 말한다. 일반적으로 $\|\underline{V}\|$란 표시는 $\|\underline{V}\| = \sqrt{v_1^2 + v_2^2 + \cdots + v_n^2}$의 의미를 가진다.

이와 같이 직교변환하여 새로이 형성된 축이 90도를 유지하고 있고, $P_0(x_0, y_0)$가 $P_1(x_1, y_1)$로 되어도 $P_0(x_0, y_0)$의 속성은 변하지 않는다. 즉 직교변환을 하여도 새로운 좌표계에서의 값은 과거 좌표계에서의 값과 동일하기에, 요인분석을 통한 값을 향상시킬 수 있으면 $\theta°$로 직교변환하라는 것이다.

그리고 전술하였듯이 요인분석의 식이

$$X_1 = \mu_1 + a_{11}F_1 + a_{12}F_2 + \cdots + a_{1m}F_m + \epsilon_1$$

$$X_2 = \mu_2 + a_{21}F_2 + a_{22}F_2 + \cdots + a_{2m}F_m + \epsilon_2$$
$$\vdots$$
$$X_p = \mu_p + a_{p1}F_1 + a_{p2}F_2 + \cdots + a_{pm}F_m + \epsilon_p$$

인 상태에서,

$$\underline{A} = Cov(\underline{X}, \underline{F})$$

라 하였는데[88], 이는 다음과 같이 직교행렬의 성질과도 관련이 있다. 요인분석에 쓰이는 모형은 요인행렬($\underline{F}$)과 그의 전치행렬($\underline{F}'$)을 곱한 것이

---

88) 2.3.4.에서 $\underline{X} = \mu_{\underline{X}} + \underline{A}\,\underline{F} + \epsilon$에서 $\underline{X}$와 $\underline{F}$의 공분산행렬은 $Cov(\underline{X}, \underline{F})$ $= \underline{A}$라 하였다.

$$\underline{F}\,\underline{F}' = \underline{F}'\,\underline{F} = I$$

의 관계에 있는 직교행렬이다. 그리고

$$\mu_{\underline{F}} = E(\underline{F}) = \underline{0}$$

이고

$$Cov(\underline{F}) = E(\underline{F}\,\underline{F}') = I$$

인 성격을 가진다. 물론 어떤 행렬($\underline{A}$)과 그의 역행렬($\underline{A}^{-1}$)을 곱하면,

$$\underline{A}\,\underline{A}^{-1} = \underline{A}^{-1}\,\underline{A} = I$$

와 같이 단위행렬이 된다. 이와 같이 요인분석은 직교행렬을 가정하였기에, 직교변환의 가능성이 제기된다. 그리하여

$$Cov(\underline{X},\ \underline{F}) = E[(\underline{A}\,\underline{F}\,\underline{F}' + \underline{\epsilon}\,\underline{F}')]$$

이 된다.

이러한 요인부하량의 행렬, 즉 $\underline{X}$와 $\underline{F}$의 공분산행렬을 위

식의 X_i와 F_j에 대한 공분산으로 보면

$$Cov(X_i,\ F_j)\ =\ a_{ij}$$

라는 의미이다.

참 조

강병서/ 정혜영 (2005), 209－237, 369－421;

김관수 외 (2009), 157－224;

김수택 (2009), 278－280, 315－340;

박광배 (2004), 65－103;

전중 풍/ 협수화창 (1995), 61－103;

정필권 (2009), 86－98;

황규범/ 이시창/ 박석봉/ 강정흥 (2009), 156－169;

Backhaus/ Erichson/ Plinke/ Weiber (1990), 67－114;

Barnet/ Ziegler/ Byleen (2008), 797－822;

Churchill/ Iacobucci (2002), 796－818;

Cooper/ Schindler (2011), 490－559;

Field, A. (2009), 627－685;

Guilford, J. P. (1978), 470－538;

Lattin/ Carroll/ Green (2003), 83－170;

Nie/ Hull/ Jenkins/ Steinbrenner/ Bent (1970), 468－519;

Norusis, M. J. (1986), B40－B69;

Tabachnick/ Fidel (2007), 607－675, 930－933.

Tabachnick/ Fidel (2007), 607－675;

2.4. ⌐┘ LISREL

2.4.1. 구조방정식모델의 기본틀

LISREL(linear structural relations)은 공분산구조분석의 한 프로그램이다[89]. 그런데, 구조방정식모델(structural equation model: SEM)의 자료는 분산-공분산행렬이어서, 구조방정식모델에 대한 분석을 공분산구조분석(analysis of covariance structure)이라고 칭한다. 이러한 구조방정식모델은 구조모델과 측정모델로 크게 구분하면서, 분석을 시작한다.

먼저 구조모델(structural model)은 구조방정식모델의 중추를 이루는 개념적인 모델로서, X와 관련된 외생개념과 Y와 관련된 내생개념을 <그림 7>과 같은 형식으로 나타낸 모델로서,

$$\eta = \beta\eta + \Gamma\xi + \zeta$$

---

89) LISREL이란 SPSS의 AMOS(analysis of moment structure)와 같이, 공분산구조분석의 한 프로그램에 불과한 것이다. 그러나 LISREL로 인해 공분산구조분석의 시대가 시작되었고 하나의 상품인 LISREL을 개념차원의 공분산구조분석 자체로 취급하는 경향이 많아, 본서에서도 관례상 LISREL을 개념차원의 공분산구조분석 자체로 취급하여 서술한다. 즉, 본서에서 말하는 LISREL은 개념적인 언어인 공분산구조분석을 말한다.

의 식으로 나타난다[90].

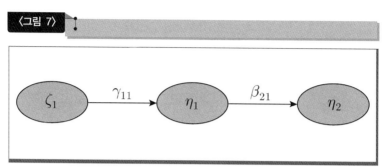

출처: 김계수 (2006), 227.

또한 측정모델(measurement model)은 실제의 실측치로 나타내는 모델로서, 이는 X나 Y의 변수군과 그 변수군으로 구성된 요인과의 관계에 대한 모형을 말한다. 먼저 X의 변수군과 관련해서는, 구조모델의 ξ와 관련된 외생개념(exogenous constructs)인

$$\underline{X} = \underline{\Lambda_X}\,\xi + \underline{\delta}$$

로 나타내며, 그 형태는 〈그림 8〉과 같다.

---

90) 용어에 대한 설명은 이 장의 후반부에서 〈표 12〉로 정리하였다.

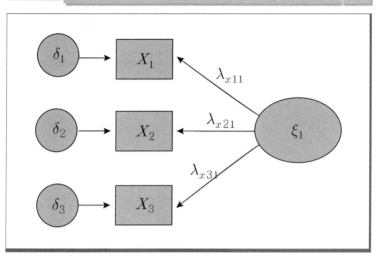

출처: 김계수 (2006), 225.

또한 Y의 변수군과 관련해서는, 구조모델의 η와 관련된 내생개념(endogenous constructs)인

$$\underline{Y} = \underline{\Lambda_Y}\,\eta + \underline{\epsilon} \text{ 로}$$

되어 있으며[91], 그 형태는 <그림 9>와 같다.

---

91) 위 3개의 식에서 ζ와 ϵ 및 δ는 오차에 대한 행렬이다.

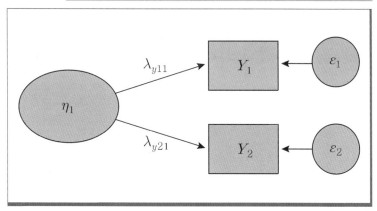

출처: 김계수 (2006), 226.

그런데, 구조모델인

$$\eta = \underline{\beta}\eta + \underline{\Gamma}\xi + \zeta$$

을 볼 때, 내생잠재변수인 η가 외생잠재변수로 환원되어 있다. 이를 환원형태(reduced form)라 하며, 이 식에서 η를 일반형태로 나타내 보면 다음과 같다. 즉

$$\eta = \underline{\beta}\eta + \underline{\Gamma}\xi + \zeta$$

는

$$\eta - \underline{\beta}\eta = \underline{\Gamma}\xi + \zeta$$

인데, 이를 환원형태가 아닌 일반형태로 나타내기 위해 η 으로 나타내면

$$(I - \underline{\beta}) \underline{\eta} = \underline{\Gamma} \, \underline{\xi} + \underline{\zeta}$$

이기에

$$\underline{\eta} = (I - \underline{\beta}) (\underline{\Gamma} \, \underline{\xi} + \underline{\zeta})$$

가 된다[92].

결국 구조방정식모델이란 기본축인 환원형태의 구조모델

$$\underline{\eta} = \underline{\beta} \, \underline{\eta} + \underline{\Gamma} \, \underline{\xi} + \underline{\zeta}$$

에 대하여, 그 틀의 $\underline{\xi}$ 와 $\underline{\eta}$ 에 관련된

$$\underline{Y} = \underline{\Lambda}_Y \, \underline{\eta} + \underline{\epsilon}$$

와

---

92) 그러나 이러한 일반형태는 식의 유도과정과 같은 특수한 경우를 제외하고는 별로 쓰이지 않는다. 즉, 보통은 환원형태의 식이 주로 구조방정식모델에 쓰인다.

$$\underline{X} = \Lambda_X \, \xi + \underline{\delta}$$

이 연결된 식이라 할 수 있는 것이다.

그리고 구조방정식모델에서 직접 측정할 수 없는 잠재변수는 측정단위를 규정해야 하며[93], 동분산성의 오차에 대한 평균은 0을 가정한다.

지금까지

$$\underline{\eta} = \beta \, \eta + \Gamma \, \xi + \zeta \ ,$$

$$\underline{X} = \Lambda_X \, \xi + \underline{\delta} \ ,$$

$$\underline{Y} = \Lambda_Y \, \eta + \underline{\epsilon}$$

애 대하여 각각 설명하였는데, 이를 합하면 하나의 구조방정식모델이 성립된다. 이러한 구조방정식모델에 대한 간단한 예로, <그림 10>과 같은 경우를 들 수 있다[94].

---

93) 측정변수의 단위와 잠재변수의 단위를 일치시켜 동일한 척도를 가지게 해야 하는데, 이를 위해 Λ_x와 Λ_y 중 특정계수값을 1로 고정시킨다.

94) 앞으로 구조방정식모델에 대한 예를 들어 설명하는데, 이의 설명은 이기종(2005), 320.의 모델인 〈그림 10〉을 근간으로 한다.

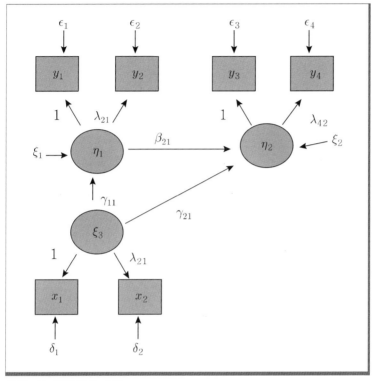

출처: 이기종(2005), 320.

위의 <그림 10>에 제시된 모형에서 각각의 모수행렬은

$$B = \begin{pmatrix} 0 & 0 \\ \beta_{21} & 0 \end{pmatrix}, \quad \Gamma = \begin{pmatrix} \gamma_{11} \\ \gamma_{21} \end{pmatrix}. \quad \Phi = (\phi_{11}), \quad \Psi = \begin{pmatrix} \psi_{11} & 0 \\ 0 & \psi_{22} \end{pmatrix},$$

$$\Lambda y = \begin{pmatrix} 1 & 0 \\ \lambda_{21} & 0 \\ 0 & 1 \\ 0 & \lambda_{42} \end{pmatrix}, \quad \Lambda x = \begin{pmatrix} 1 \\ \lambda_{21} \end{pmatrix},$$

$$\theta_\epsilon = \begin{pmatrix} VAR(\epsilon_1) & 0 & 0 & 0 \\ 0 & VAR(\epsilon_2) & 0 & 0 \\ 0 & 0 & VAR(\epsilon_3) & 0 \\ 0 & 0 & 0 & VAR(\epsilon_4) \end{pmatrix},$$

$$\theta_\delta = \begin{pmatrix} VAR(\delta_1) & 0 \\ 0 & VAR(\delta_2) \end{pmatrix}$$

이다.

그리고 구조방정식모델을 설명하면서 많은 용어가 나왔는데, 이들의 의미를 정리하면 <표 12>와 같다.

<표 12>

기호	속성	내용
Y	관찰변인	내생지표
X	관찰변인	외생지표
δ	변인	측정오차
ϵ	변인	측정오차
ξ	잠재변인	외생 구성개념
η	잠재변인	내생 구성개념
ζ	변인	예측오차
Λ_Y	인과관계 계수	내생지표의 부하량
Λ_X	인과관계 계수	외생지표의 부하량
B	인과관계 계수	내생 구성개념 간의 관계
Γ	인과관계 계수	외생구성개념과 내생구성개념의 관계
Φ	변량-공변량	외생 구성개념 간의 상관관계
Ψ	변량-공변량	구조방정식 또는 내생 구성개념의 상관관계
Θ_δ	변량-공변량	외생 구성개념 지표의 예측오차에 대한 상관관계 행렬

2.4.2. 분산–공분산행렬

2.4.2.1. 단순모델의 분산–공분산행렬

이러한 구조방정식모델의 단순모델에서 모델의 세부구조에 대한 내용을 알아보기 위해, ξ에 관한 경우를 보기로 하자. 즉, 구조방정식모델에서

$$\underline{X} = \underline{\Lambda_X}\, \xi + \underline{\delta}$$

만을 떼어낸 뒤, $\underline{X}$에 대한 식만을 간단히 나타내 보기로 한다[95]. 이를 위해 하나의 예인 <그림 10>에 대한 경우를 보기로 한다.

행렬로 나타낸 식

$$\underline{X} = \underline{\Lambda_X}\, \xi + \underline{\delta}$$

에 대해, <그림 10>의 경우 x_1과 x_2의 두 원소로만 되어 있기에

$$x_1 = \lambda_1 \xi + \delta_1$$

---

95) 이 장에서는 편의상 $\underline{X}$에 대한 식만을 설명한다. $\underline{Y}$에 대한 식도 고려한 일반식은 2.4.2.2.1.1.에서 설명한다.

$$x_2 = \lambda_2 \xi + \delta_2$$

가 된다[96]. 이런 경우 x_1과 x_2만의 식에 대한 분산-공분산행렬은 다음과 같이

$$\sum{}_{x_1 x_2} (\theta) = \begin{bmatrix} var(x_1) & cov(x_1, x_2) \\ cov(x_2, x_1) & var(x_2) \end{bmatrix}$$

가 된다[97]. 그런데

$$\underline{X} = \underline{\Lambda_X} \, \xi + \underline{\delta}$$

이므로,

---

96) 여기서 x의 계수 λ를 행렬로 나타낸 일반 구조방정식모델로 나타내면, $\underline{X}$에 대한 계수행렬 Λ가 된다. 또 다른 계수인 β와 γ도 마찬가지이다.

97) 여기에서는 간단한 경우인
$$\sum{}_{x_1 x_2}(\theta) = \begin{bmatrix} var(x_1) & cov(x_1, x_2) \\ cov(x_2, x_1) & var(x_2) \end{bmatrix}$$
를 사용하였는데, 이를 일반화하면 당연히
$$\sum{}_{xx}(\theta) = \begin{bmatrix} var(x_1) & & & \\ cov(x_2, x_1) & var(x_2) & & \\ cov(x_3, x_1) & cov(x_3, x_2) & var(x_3) & \\ \vdots & & & \\ cov(x_n, x_1) & cov(x_n, x_2) & cov(x_n, x_3) & \cdots\cdots & var(x_n) \end{bmatrix}$$
가 된다.

$$\sum_{x_1 x_2}(\theta)$$

$$= \begin{bmatrix} var(x_1) & cov(x_1, x_2) \\ cov(x_2, x_1) & var(x_2) \end{bmatrix}$$

$$= \begin{bmatrix} \lambda_{11}^2\, var(\xi_1) + var(\delta_1) & \lambda_{21}\lambda_{11} var(\xi_1) \\ \lambda_{21}\lambda_{11} var(\xi_1) & \lambda_{22}^2\, var(\xi_1) + var(\delta_2) \end{bmatrix}$$

가 된다.

위의 분산－공분산행렬의 단위를 볼 때 분산의 경우는

$$var(x_1)$$

$$= cov(x_1,\ x_1)$$

$$= cov(\lambda_{11}\xi_1 + \delta_1,\quad \lambda_{11}\xi_1 + \delta_1)$$

$$= \lambda_{11}^2 var(\xi_1) + var(\delta_1)$$

가 되고, 공분산의 경우는

$$cov(x_2,\ x_1)$$

$$= cov(\lambda_{21}\xi_1 + \delta_2,\quad \lambda_{11}\xi_1 + \delta_1)$$

$$= \lambda_{21}\lambda_{11} var(\xi_1)$$

가 된다.

같은 방법으로 분산 $var(x_1)$과 공분산 $cov(x_1,\, x_2)$를 구할
수 있다.

지금까지는 하나의 ξ만 있는 것을 보았는데(즉 ξ에 x_1과
x_2), 한 단계 더 나아가 두 개의 ξ 즉 ξ_1과 ξ_2가 있는 경
우를 보기로 한다. 그리고 ξ_1에는 x_1과 x_2이 연결되고,
ξ_2에는 x_3과 x_4 그리고 x_5가 연결된다고 하면, 다음과 같
은 식이 생긴다. 즉 ξ_1에는

$$x_1 = \lambda_{11}\xi_1 + \delta_1$$

$$x_2 = \lambda_{21}\xi_1 + \delta_2$$

의 식이 만들어지고, ξ_2에는

$$x_3 = \lambda_{32}\xi_2 + \delta_3$$

$$x_4 = \lambda_{42}\xi_2 + \delta_4$$

$$x_5 = \lambda_{52}\xi_2 + \delta_5$$

의 식이 연결된다.

위 식은 다음의 행렬

$$\begin{bmatrix} x_1 \\ x_2 \\ x_3 \\ x_4 \\ x_5 \end{bmatrix} = \begin{bmatrix} \lambda_{11} & 0 \\ \lambda_{21} & 0 \\ 0 & \lambda_{32} \\ 0 & \lambda_{42} \\ 0 & \lambda_{52} \end{bmatrix} \begin{bmatrix} \xi_1 \\ \xi_2 \end{bmatrix} + \begin{bmatrix} \delta_1 \\ \delta_2 \\ \delta_3 \\ \delta_4 \\ \delta_5 \end{bmatrix}$$

과 동일하다[98].

2.4.2.2. 일반모델의 분산-공분산행렬

2.4.2.2.1. 수리적 의미

2.4.2.2.1.1. 전체에 대한 설명

지금까지 설명한 $\underline{X}$만의 식을 일반화시켜, $\underline{X}$와 $\underline{Y}$를 동시에 고려한 경우를 보기로 한다. 지금까지의 $\underline{X}$만에 대한 단순모델과는 달리,

$$\underline{Y} = \underline{\Lambda}_Y \eta + \epsilon$$

와

$$\underline{X} = \underline{\Lambda}_X \xi + \underline{\delta}$$

---

98) 이러한 의미는 $\underline{Y} = \underline{\Lambda}_Y \eta + \epsilon$ 에도 그대로 적용되나, 편의상 생략하기로 한다.

를 동시에 고려한 행렬식으로 전개한다고 할 경우, Y와 X에 대한 분산−공분산행렬은 아래와 같이

$$\sum(\theta) = \begin{bmatrix} \sum(\theta_{yy}) & \sum(\theta_{yx}) \\ \sum(\theta_{xy}) & \sum(\theta_{xx}) \end{bmatrix}^{99)}$$

로 표시할 수 있다. 이는 <표 13>에서 보듯이 입력하는 분산−공분산행렬을 말하는 것으로서[100],

$$\sum(\theta)$$

$$= \begin{bmatrix} \Sigma_{yy}(\theta) & \Sigma_{yx}(\theta) \\ \Sigma_{xy}(\theta) & \Sigma_{xx}(\theta) \end{bmatrix}$$

$$= \begin{pmatrix} \Lambda_y(I-B)^{-1}(\Gamma\Phi\Gamma'+\Psi)(I-B)^{-1}\Lambda_y'+\Theta_\epsilon & \Lambda_y(I-B)^{-1}\Gamma\Phi\Lambda_x' \\ \Lambda_x\Phi\Gamma'(I-B)^{-1}\Lambda_y' & \Lambda_x\Phi\Lambda_x'+\Theta_\delta \end{pmatrix}$$

의 의미를 가진다.

---

99) $\begin{bmatrix} \sum(\theta_{YY}) & \sum(\theta_{YX}) \\ \sum(\theta_{XY}) & \sum(\theta_{XX}) \end{bmatrix}$ 를 편의상 $\begin{bmatrix} \sum(\theta_{yy}) & \sum(\theta_{yx}) \\ \sum(\theta_{xy}) & \sum(\theta_{xx}) \end{bmatrix}$ 로 표시한다. 여기서 θ란 공분산구조분석을 통해 추정해야할 자유모수이다.

100) 관찰치에 대한 분산−공분산행렬 대신 상관계수 행렬을 분석하는 경우도 있는데, 분산−공분산행렬과 유사하다. 왜냐하면 상관계수를 표준화하게 되면 공분산이 되기 때문이다.

	$y_1 \ y_2 \cdots y_p$	$x_1 \ x_2 \cdots x_q$
y_1 y_2 $\vdots$ y_p	내생변수들의 분산-공분산: $\sum(\theta_{yy})$	내생변수와 외생변수의 분산-공분산: $\sum(\theta_{yx})$
x_1 x_2 $\vdots$ x_q	외생변수와 내생변수의 분산-공분산: $\sum(\theta_{xy})$	외생변수들의 분산-공분산: $\sum(\theta_{xx})$

2.4.2.2.1.2. 각각에 대한 설명

이제 위의 $\underline{Y}$와 $\underline{X}$에 대한 분산-공분산행렬에 있는 단위 행렬을 하나씩 보기로 한다.

첫째, $\underline{Y}$의 공분산행렬, 즉 내생변수간의 공분산행렬은

$$\sum(\theta_{yy})$$

$$= \ E(yy')$$

$$= \ E[(\Lambda_y \ \eta \ + \ \epsilon)(\eta \ \Lambda_y \ + \ \epsilon)']$$

$$= \ E[(\Lambda_y \ \eta \ + \ \epsilon)(\eta' \ \Lambda_y \ + \ \epsilon')]$$

$$= \ E[(\Lambda_y \ \eta\eta' \ \Lambda_y') + (\Lambda_y\eta \ \epsilon') + (\epsilon\eta' \ \Lambda_y') + (\epsilon\epsilon')]$$

$$= \ \Lambda_y \ E(\eta\eta')\Lambda_y' + \Lambda_y E(\eta \ \epsilon') + E(\epsilon\eta')\Lambda_y' + E(\epsilon\epsilon')$$

$$= \Lambda_y E[[(\eta\eta')\Lambda_y' + 0 + 0 + E(\epsilon\epsilon')^{101)}$$

$$= \Lambda_y E[[(\eta\eta')\Lambda_y' + E(\epsilon\epsilon')$$

$$= \Lambda_y E[[(I-B)^{-1}(\Gamma\xi+\zeta)][(I-B)^{-1}(\Gamma\xi+\zeta)]'\Lambda_y' + E(\epsilon\epsilon')^{102)}$$

$$= \Lambda_y E[[(I-B)^{-1}(\Gamma\xi+\zeta)][(\xi'\Gamma'+\zeta')(I-B)^{-1}]\Lambda_y' + E(\epsilon\epsilon')$$

가 된다. 이 식의 앞부분인

$$\Lambda_y \cdot E[[(I-B)^{-1}(\Gamma\xi+\zeta)] \cdot [(\xi'\Gamma'+\zeta')(I-B)^{-1}] \cdot \Lambda_y'$$

에서

$$E[[(I-B)^{-1}(\Gamma\xi+\zeta)] \cdot [(\xi'\Gamma'+\zeta')(I-B)^{-1}]$$

을 전개하면,

$$E[[(I-B)^{-1}(\Gamma\xi+\zeta)] \cdot [(\xi'\Gamma'+\zeta')(I-B)^{-1}]$$

---

101) 구조방정식에서는 내생잠재점수와 외생잠재점수 그리고 각종오차의 기댓값은 0을 가정하고 있다. 왜냐하면 편차점수로 표시되기 때문이다. 그리하여, $E(\eta)=0$, $E(\xi)=0$, $E(\epsilon)=0$, $E(\delta)=0$이다.

102) 이 식은 $\eta=(I-\beta)(\Gamma\xi+\zeta)$을 대입한 결과이다. 2.4.1.에서 $+\Gamma\xi+\zeta$가 $\eta-\beta\eta=\Gamma\xi+\zeta$로 되는데, 이것을 풀면 $(I-\beta)\eta=\Gamma\xi+\zeta$가 된다. 그 결과 $\eta=(I-\beta)(\Gamma\xi+\zeta)$가 된다.

$$= E[(I-B)^{-1}\Gamma\xi + (I-B)^{-1}\zeta)] \cdot [(\xi'T'(I-B)^{-1'} + \zeta'(I-B)^{-1'}]$$

$$= (I-B)^{-1}\Gamma E(\xi\xi')T'(I-B)^{-1'}$$
$$\quad + (I-B)^{-1}TE(\xi\zeta')(I-B)^{-1'}$$
$$\quad\quad + (I-B)^{-1}E(\zeta\xi')T'(I-B)^{-1'}$$
$$\quad\quad\quad + (I-B)^{-1}E(\zeta\zeta')(I-B)^{-1'}$$

$$= (I-B)^{-1}\Gamma\Phi T'(I-B)^{-1'} + (I-B)^{-1}\Psi(I-B)^{-1'}$$

$$= (I-B)^{-1}(\Gamma\Phi T' + \Psi)(I-B)^{-1'}$$

가 된다. 그리하여 Y의 공분산행렬, 즉 내생변수간의 공
분산행렬은

$$\sum(\theta_{yy})$$

$$= \Lambda_y E[[(I-B)^{-1}(\Gamma\xi + \zeta)][(\xi'T' + \zeta')(I-B)^{-1'}]\Lambda_y' + E(\epsilon\epsilon')$$

$$= \Lambda_y \cdot (I-B)^{-1}(\Gamma\Phi T' + \Psi)(I-B)^{-1'} \cdot \Lambda_y' + \Theta_\epsilon$$

가 된다. 분산-공분산행렬은 크게 4부분으로 되어 있는
데, 이 식은 좌측 상단에 위치한다. 그리고 이는 내생잠재
변수들을 나타내는 관찰변수들에 관계된 모수행렬의 공분
산행렬이다.

둘째, Y의 X에 대한 공분산행렬은

$$\sum(\theta_{yx})$$

$$= E(yx')$$

$$= E[(\Lambda_y\,\eta\,+\,\epsilon)\,(\xi\Lambda_x\,+\,\delta\,)']$$

$$= E[(\Lambda_y\,\eta\,+\,\epsilon)\,(\xi'\,\Lambda_x\,+\,\delta'\,)]$$

$$= \Lambda_y\,E(\eta\,\xi')\,\Lambda_x{}'\,+\,\Lambda_y E(\eta\delta')\,+\,E(\epsilon\,\xi')\Lambda_x{}'\,+\,E(\epsilon\delta')$$

가 된다. 이 식에다가

$$\eta\,=\,(\,I-\underline{\beta}\,)\,(\,\varGamma\,\xi\,+\,\zeta\,)$$

을 대입하여 계속 풀면,

$$\sum(\theta_{yx})$$

$$= \Lambda_y\,E(\eta\,\xi')\,\Lambda_x{}'\,+\,\Lambda_y E(\eta\delta')\,+\,E(\epsilon\,\xi')\Lambda_x{}'\,+\,E(\epsilon\delta')$$

$$= \Lambda_y\,(I-B)^{-1}\varGamma\Phi\Lambda_x{}'$$

가 된다. 이는 크게 4부분으로 되어 있는 분산−공분산행렬의 우측 상단에 위치하며, 내생잠재변수들의 관찰변수들과 외생잠재변수들의 관찰변수들에 관계된 모수행렬 간의 공분산행렬이다.

셋째, X의 Y에 대한 공분산행렬은

$$\Sigma\left(\theta_{xy}\right)$$

$$= \left[\left(\Sigma yx\left(\theta\right)\right)'\right]$$

$$= \left[\Lambda y\left(I-B\right)^{-1}\Gamma\Phi\Lambda x'\right]$$

$$= \Lambda x\left[\left(\Lambda y\left(I-B\right)^{-1}\Gamma\Phi\right]'\right.$$

$$= \Lambda x\Phi'\left[\left(\Lambda y\left(I-B\right)^{-1}\Gamma\right)\right]'$$

$$= \Lambda x\Phi'\Gamma'\left[\Lambda y\left(I-B\right)^{-1}\right]'$$

$$= \Lambda x\Phi'\Gamma'\left(I-B\right)^{-1'}\Lambda y'$$

$$= \Lambda x\Phi\Gamma'\left(I-B\right)^{-1'}\Lambda y'^{103)}.$$

이 된다. 이 식은 분산－공분산행렬의 좌측하단에 위치하며, 외생잠재변수들과 내생잠재변수들에 관계된 모수행렬 간의 공분산행렬을 뜻한다. 공분산행렬이 대칭이므로, 이 식은 두 번째로 설명한 우측상단 공분산행렬의 식과 같게 된다.

---

103) $\Phi' = \Phi$이므로, Φ로 표기될 수 있다.

넷째, X의 공분산행렬, 즉 외생변수간의 공분산행렬은

$$\Sigma\left(\theta_{xx}\right)$$

$$= E(xx')$$

$$= E\left[(\Lambda x\xi + \delta)(\xi'\Lambda x' + \delta)'\right]$$

$$= \Lambda x E(\xi\xi')\Lambda x' + \Theta_\delta$$

$$= \Lambda x\Phi\Lambda x' + \Theta_\delta$$

가 된다. 이 식은 분산 – 공분산행렬의 우측 하단에 위치하며, 외생잠재변수들의 관찰변수들에 관계된 모수행렬 간 공분산행렬을 의미한다.

지금까지 Y와 X에 대한 분산 – 공분산행렬에 있는 단위행렬을 살펴보았는데, 이를 합쳐본 일반모델의 분산 – 공분산행렬은

$$\Sigma(\theta)$$

$$= \begin{bmatrix} \Sigma_{yy}(\theta) & \Sigma_{yx}(\theta) \\ \Sigma_{xy}(\theta) & \Sigma_{xx}(\theta) \end{bmatrix}^{104)}$$

104) 같은 의미의 $\sum(\theta_{yx})$와 $\Sigma xy(\theta)$는 편의상 혼용한다.

$$= \begin{pmatrix} \Lambda_y(I-B)^{-1}(\Gamma\Phi\Gamma'+\Psi)(I-B)^{-1}\Lambda_y'+\Theta_\epsilon & \Lambda_y(I-B)^{-1}\Gamma\Phi\Lambda_x' \\ \Lambda_x\Phi\Gamma'(I-B)^{-1}\Lambda_y' & \Lambda_x\Phi\Lambda_x'+\Theta_\delta \end{pmatrix}$$

이 된다.

그런데, 위의

$$\Sigma(\theta) = \begin{bmatrix} \Sigma_{yy}(\theta) & \Sigma_{yx}(\theta) \\ \Sigma_{xy}(\theta) & \Sigma_{xx}(\theta) \end{bmatrix}$$

에서

$$\Sigma_{x_1 x_2}(\theta)$$

$$= \begin{bmatrix} var(x_1) & cov(x_1, x_2) \\ cov(x_2, x_1) & var(x_2) \end{bmatrix}$$

$$= \begin{bmatrix} var(x_1) & & & \\ cov(x_2, x_1) & var(x_2) & & \\ cov(x_3, x_1) & cov(x_3, x_2) & var(x_3) & \\ \vdots & & & \\ cov(x_n, x_1) & cov(x_n, x_2) & cov(x_n, x_3) & \cdots\cdots & var(x_n) \end{bmatrix}$$

이다.

전체의 모델인

$$\Sigma(\theta)$$

$$= \begin{bmatrix} \Sigma_{yy}(\theta) & \Sigma_{yx}(\theta) \\ \Sigma_{xy}(\theta) & \Sigma_{xx}(\theta) \end{bmatrix}$$

$$= \begin{pmatrix} \Lambda_y (I-B)^{-1} (\Gamma \Phi \Gamma' + \Psi)(I-B)^{-1} \Lambda_y' + \Theta_\epsilon & \Lambda_y (I-B)^{-1} \Gamma \Phi \Lambda_x' \\ \Lambda_x \Phi \Gamma' (I-B)^{-1} \Lambda_y' & \Lambda_x \Phi \Lambda_x' + \Theta_\delta \end{pmatrix}$$

를 볼 때, 분산－공분산의 구조로 인하여 AMOS나 LISREL 과 같은 공분산구조분석의 경우에는, 변수의 관찰치가 아니라 변수간의 공분산이 계산된다[105]. 즉, 변수의 관찰치를 변수간의 공분산으로 변환시킨 후, 그 공분산이 분석된다는 것이다.

그리고 분산－공분산행렬 대신 상관계수행렬을 넣어 분석하는 경우에도, 계산은 이론상의 분산－공분산행렬의 경우와 같이 된다. 그 이유는 상관계수를 표준화하게 되면 공분산이 되기 때문이다.

2.4.2.2.2. 분산-공분산행렬과 계수산출

지금까지의 2.4.2.2.1를 통해 Y와 X에 대한 분산－공분산 행렬은 아래와 같이

---

105) 관찰치와 공분산의 관계는 〈표 13〉에 표시되어 있다.

$$\sum(\theta) = \begin{bmatrix} \sum(\theta_{yy}) & \sum(\theta_{yx}) \\ \sum(\theta_{xy}) & \sum(\theta_{xx}) \end{bmatrix}$$

에 대한 수리적 의미를 설명하였다. 이 분산-공분산행렬
은 관찰치의 공분산 구조에 대한 결과적인 산물로서, 이
관찰치는

$$\sum(\theta)$$

$$= \begin{pmatrix} \Lambda_y(I-B)^{-1}(\Gamma\Phi\Gamma'+\Psi)(I-B)^{-1}\Lambda_y'+\Theta_\epsilon & \Lambda_y(I-B)^{-1}\Gamma\Phi\Lambda_x' \\ \Lambda_x\Phi\Gamma'(I-B)^{-1}\Lambda_y' & \Lambda_x\Phi\Lambda_x'+\Theta_\delta \end{pmatrix}$$

와 같은 내재된 계수를 구할 수 있다. 내재된 계수를 구하
는 방법에는 두 가지가 있다. 하나는 확률적 방법이고, 다
른 하나는 확정적 방법이다.

첫째, 확률적 방법이란 공분산 구조인

$$\sum(\theta) = \begin{bmatrix} \sum(\theta_{yy}) & \sum(\theta_{yx}) \\ \sum(\theta_{xy}) & \sum(\theta_{xx}) \end{bmatrix}$$

의 관찰된 분산-공분산행렬(S)과 암시된 분산-공분산행
렬($\sum$)가 같지 아니하기 때문에, 이의 최대우도추정치
(maximum likelihood estimator: MLE)를 구하여야 한다는

것이다[106]. 우도함수는 집단 $X_1, X_2, \cdots, X_n$ 의 결합밀도 함수(joint density function)인

$$L(\theta)$$

$$= f(x_1, x_2, \cdots, x_n ; \theta)$$

$$= f(x_1;\theta) \cdot f(x_2;\theta) \cdot \cdots \cdot f(x_n;\theta)$$

$$= \prod_{i=1}^{n} f(x_i ; \theta)$$

에서 유래하는데[107], 확률적 방법이란 합치함수(fitting function)인

$$F_{ML} = \ln|\Sigma| + \text{trace}(S\Sigma^{-1}) - \ln|S| - (p+q)$$

를 최소화하는 계수들을 찾아 내는 방법이다. 합치함수란

---

106) 우도(尤度: likelihood)란 원래 표본집단통계의 한 점 중에서 어떠한 추정치가 그 점에 대응하는 모집단의 모수에 가까운가를 말하는 것인데, 이를 분산–공분산행렬($\underline{S}$)과 암시된 분산–공분산행렬($\sum$)에 원용한다.

107) 결합밀도함수는 모집단에 가장 가까운 정도가 되는 최대우도추정치를 찾을 수 있는 근거가 된다. 표본집단이 모집단에 가장 가까워지면 위의 우도함수가 최대로 되기에, 우도함수를 최대로 하는 모수 추정량을 찾으면 된다.

결합밀도함수로 된 우도함수의 복잡한 계산을 간단히 하기 위해 log를 취한 함수이다[108]. 합치함수에서 $|\Sigma|$와 $|S|$는 각각 행렬 $\sum$와 행렬 S의 행렬식(determinant)을 의미하고[109], trace는 정사각형 행렬의 대각선 요소의 합이다[110]. 또한 p는 내생변인의 수이고, q는 외생변인의 수이다[111].

위의 F_{ML}의 편미분값을 0이 되게 하는 최대우도추정치들을 찾아내면 되고, 그들이 바로 계수가 된다.

2.4.3. 검증적 요인분석

2.3.에서 설명한 요인분석에 대해, 이 장에서 설명하려는 검증적 요인분석과 비교하여 부를 때는 탐색적 요인분석(exploratory factor analysis)이라 한다. 이러한 <그림 11>의 탐색적 요인분석은 요인부하와 요인의 개수가 사

---

108) F_{ML}를 합치함수라 하며, F는 fitting function에서 나온 것이고, ML은 maximum likelihood에서 나온 것이다.

109) 행렬식은 $|A| = \det(A) = \det \begin{bmatrix} a_{11} & a_{12} \\ a_{21} & a_{22} \end{bmatrix} = a_{11}a_{22} - a_{12}a_{21}$의 성질을 가진다.

110) 트랜스란 $tr(A) = \sum a_{ii}$이다. 예를 들어, $\begin{bmatrix} 2 & 1 \\ 4 & 5 \end{bmatrix}$의 트랜스는 7(=2+5)이다.

111) 합치함수의 값은 언제나 $F_{ML} \geq 0$인데, 만약 Σ=S이면 F_{ML}은 0이 된다.

전에 정해지지 않은 채, 모든 요인과 측정치가 관계를 가
지는 것을 가정한다. 또한 측정오차와 특수요인은 서로 독
립적이라 가정한다.

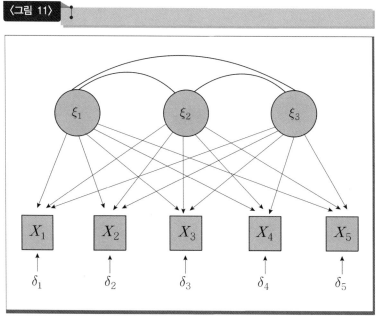

출처: 박광배(2004), 190.

이에 비해 LISREL에 쓰이는 <그림 12>의 검증적 요인분
석(confirmatory factor analysis)은 요인의 수는 사전에 정
해져 있고 의미가 정해진 잠재요인은 이미 모형화된다는
것이다. 또한 측정오차들은 상관관계를 가지는 것으로 가
정한다.

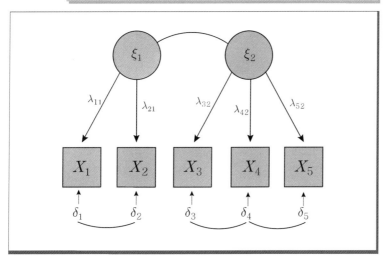

출처: 박광배(2004), 191.

구조방정식모델에 쓰이는 〈그림 12〉의 모형을 수식으로
나타내면, 다음과 같다.

일반식인

$$\underline{X} = \underline{\Lambda_X}\,\xi + \underline{\delta}$$

는 다음의 행렬

$$\begin{bmatrix} x_1 \\ x_2 \\ x_3 \\ x_4 \\ x_5 \end{bmatrix} = \begin{bmatrix} \lambda_{11} & 0 \\ \lambda_{21} & 0 \\ 0 & \lambda_{32} \\ 0 & \lambda_{42} \\ 0 & \lambda_{52} \end{bmatrix} \begin{bmatrix} \xi_1 \\ \xi_2 \end{bmatrix} + \begin{bmatrix} \delta_1 \\ \delta_2 \\ \delta_3 \\ \delta_4 \\ \delta_5 \end{bmatrix}$$

이 된다[112]. 이에 대해 변량-공변량은

$$\sum (\theta_{xx})$$

$$= E(xx')$$

$$= E[(\Lambda_x \, \eta + \delta)(\eta \, \Lambda_x + \delta)']$$

$$= E[(\Lambda_x \, \eta + \delta)(\eta' \, \Lambda'_x + \delta')]$$

$$= \Lambda_x \, E(\xi\xi') \, \Lambda'_x + \Theta_\delta$$

$$= \Lambda_x \, \Phi \, \Lambda'_x + \Theta_\delta$$

인데, 여기서

$$\Lambda_x = \begin{pmatrix} \lambda_{11} & 0 \\ \lambda_{21} & 0 \\ 0 & \lambda_{32} \\ 0 & \lambda_{42} \\ 0 & \lambda_{52} \end{pmatrix}$$

이고,

$$\Phi = \begin{bmatrix} \phi_{11} & \\ \phi_{21} & \phi_{22} \end{bmatrix}$$

---

112) ξ_1에는 x_1과 x_2이 연결되고, ξ_2에는 x_3과 x_4 그리고 x_5가 연결된다.

이고,

$$\Lambda'_x = \begin{bmatrix} \lambda_{11} & \lambda_{21} & 0 & 0 & 0 \\ 0 & 0 & \lambda_{32} & \lambda_{42} & \lambda_{52} \end{bmatrix}$$

이고,

$$\Theta_\delta \begin{bmatrix} \theta\delta_{11} & & & & \\ \theta\delta_{21} & \theta\delta_{22} & & & \\ 0 & 0 & \theta\delta_{33} & & \\ 0 & 0 & \theta\delta_{43} & \theta\delta_{44} & \\ 0 & 0 & 0 & \theta\delta_{54} & \theta\delta_{55} \end{bmatrix}$$

이기에, 변량-공변량은

$$\Sigma(\theta)$$

$$= \begin{pmatrix} \lambda_{11} & 0 \\ \lambda_{21} & 0 \\ 0 & \lambda_{32} \\ 0 & \lambda_{42} \\ 0 & \lambda_{52} \end{pmatrix} \begin{bmatrix} \phi_{11} & \\ \phi_{21} & \phi_{22} \end{bmatrix} \begin{bmatrix} \lambda_{11} & \lambda_{21} & 0 & 0 & 0 \\ 0 & 0 & \lambda_{32} & \lambda_{42} & \lambda_{52} \end{bmatrix} + \begin{bmatrix} \theta\delta_{11} & & & & \\ \theta\delta_{21} & \theta\delta_{22} & & & \\ 0 & 0 & \theta\delta_{33} & & \\ 0 & 0 & \theta\delta_{43} & \theta\delta_{44} & \\ 0 & 0 & 0 & \theta\delta_{54} & \theta\delta_{55} \end{bmatrix}$$

$$= \begin{bmatrix} \lambda_{11}^2\phi_{11} + \theta\delta_{11} & & & & \\ \lambda_{11}\lambda_{21}\phi_{11} + \theta\delta_{21} & \lambda_{21}^2\phi_{11} + \theta\delta_{22} & & & \\ \lambda_{32}\lambda_{11}\phi_{21} & \lambda_{32}\lambda_{21}\phi_{21} & \lambda_{32}^2\phi_{22} + \theta\delta_{33} & & \\ \lambda_{42}\lambda_{11}\phi_{21} & \lambda_{42}\lambda_{21}\phi_{21} & \lambda_{42}\lambda_{32}\phi_{22} + \theta\delta_{43} & \lambda_{42}^2\phi_{22} + \theta\delta_{44} & \\ \lambda_{52}\lambda_{11}\phi_{21} & \lambda_{52}\lambda_{21}\phi_{21} & \lambda_{52}\lambda_{32}\phi_{22} & \lambda_{52}\lambda_{42}\phi_{22} + \theta\delta_{54} & \lambda_{52}^2\phi_{22} + \theta\delta_{55} \end{bmatrix}$$

가 된다.

2.4.4. 모형평가

2.4.4.1. 적합도 평가

적합도평가는 모형과 실제의 공분산자료의 일치성(con-sistency)를 평가하는 방법이다. 즉 공분산 구조모형이 영가설에 얼마나 적합한가를 살펴보는 평가이다. 적합도 평가는 영가설에 대한 전제에서에서 시작하므로, 여러 가지의 적합도 평가방법을 설명하기 전에 영가설부터 설명하기로 한다.

2.4.4.1.1. 영가설

구조방정식모형 연구에서의 모형평가는 모집단공분산행렬과 모형공분산행렬에 대한 영가설(null hypothesis)에서부터 출발한다. 즉, 구조방정식모형 연구 또한 일반적인 통계검증의 논리와 동일하게 오차의 범위(예: 유의도 0.05) 내에서 모집단공분산행렬과 모형공분산행렬이 같다는 영가설인

$$H_0 : \Sigma = \Sigma(\theta)$$

을 검증하는 통계방법이라는 것이다.

즉, 모집단공분산행렬이 모형공분산행렬과 같다는 영가설

은 수집된 자료에 의해 연구자가 정한 유의수준에서 수용되어지는 것이다. 물론 영가설에서는 모집단 변수 간의 인과관계에 의해서 발생된 모집단공분산행렬과 어떤 선행이론에 따라 형성된 모형공분산행렬이 같다.

영가설과 관련하여, 지금까지 설명한 분산-공분산행렬에 대한 개념은 모집단공분산행렬과 모형공분산행렬로 구분한다는 것을 볼 수 있다. 먼저 모집단공분산행렬이란 모집단에서의 변수 간의 구조를 나타내는 분산-공분산행렬이다. 그리고 모형공분산행렬은 선행이론이 지시하는 경로들만 표시되기에 모든 경로들과 관계하지 않으며, 어떤 것들에 대해서 제약이 가해진 분산-공분산행렬이라고 할 수 있다. 물론 영가설이 맞는 경우 모집단공분산행렬의 ij번째 원소는 모형공분산행렬의 ij번째 원소와 같다는 의미이다.

그런데 실제는 모집단에 관한 정보가 없어 모집단공분산행렬을 현실적으로 구하기가 힘들기에, 보통은 모집단공분산행렬 대신 표본공분산행렬이 사용된다. 표본공분산행렬이 모집단공분산행렬의 추정치 역할을 한다는 것이다. 모집단공분산행렬의 추정치 역할을 하는 표본공분산행렬이 선행이론에 따른 모형공분산행렬과 일치할 때에만 적정식별모형이 된다.

여기서 모형공분산행렬(implied covariance matrix)이란 모형에서 추정되어져야 할 자유 구조모수들의 함수로 표현되는 분산−공분산행렬로서, 자유모수로 구성된 θ의 함수인 행렬이다. 그리하여 모형공분산행렬은 자유모수들의 함수라는 의미를 가진 $\Sigma(\theta)$로 표시된다. 모형공분산행렬을 구하기 위해서는 모수행렬에서 0이나 고정된 상수값을 갖지 않는 원소, 즉 자유모수를 선택해야 한다[113].

모형공분산행렬은 선정된 선행이론에 의해 제시된 모형에 의해 형성되는 분산−공분산행렬이라 할 수 있는데, 이는 선행이론이 모형 가운데 어느 하나를 선택하는 판단의 준거 역할을 하기 때문이다. 당연히 모형공분산행렬에서는 선행이론에 의해 지시되는 경로만 모형에 나타난다. 그만큼 모형공분산행렬에서 선행이론의 역할이 중요한데, 어떤 모형에서 존재하는 자유모수의 결정은 선택된 선행이론에서 도출되기 때문이다.

선행이론은 선정되어지는 변수 간 관계의 방향도 제시해 준다. 변수 간 관계의 방향은 두 변수 간에 인과관계가 있거나 연구가 종단적 성격을 가져, 보통 앞의 것이 뒤의 것

---

113) 모수에는 고정모수와 자유모수가 있는데, 고정모수란 모수행렬에서 값이 0으로 고정되어 추정되지 않는 모수를 말하며, 자유모수란 값이 추정되는 구조모수를 의미한다.

에 시간적으로 영향을 미치는 일방향이 되는 일방모형
(recursive model)이 된다.

그러나 변수가 동시에 측정되는 경우에는 비일방모형이
되어 복잡하게 되는데, 비일방모형의 형태는 두 가지이다.
하나는 양자간 서로 영향을 미치는 상호관계의 경우이며,
또 하나는 X가 Y에게 영향을 미치는 일방모형 상태에서
Y가 제3의 변수 Z에게 일방영향을 미쳐 Z가 X에게 영향
을 미치는 송환관계의 경우이다.

2.4.4.1.2. 적합도 평가방법

2.4.4.1.2.1. χ^2 검정 평가

전체의 적합도에 대한 평가방법 중 검정에 의한 모형평가
에는 χ^2 검정법이 있는데, 이는 표본의 수인 N에다 합치함
수인 $F(\theta)$를 곱한 $N \cdot F(\theta)$를 χ^2 검정통계량으로 한 상태
에서[114], 유의도(예: $\alpha = 0.05$)를 기준으로 하여 전체모양
적합도를 평가하는 방법이다. $N \cdot F(\theta)$를 χ^2 검정통계량으
로 할 뿐, 일반적인 χ^2 검정의 성질은 그대로 통용된다[115].

---

114) 여기서 합치함수는 $F(\theta) = \ln|\Sigma| + \text{trace}(S\Sigma^{-1}) - \ln|S| -$
   $(p+q)$로서, 2.4.2.2.2.에서 다루었다.

115) χ^2 검정법은 2.1.에서 설명하였다.

즉, 일정한 유의도(예: $\alpha = 0.05$)에서 실제로 분석한 통계치에 대한 $\chi^2_{calc.}$값이 유의도에 해당하는 기준의 $\chi^2_{crit.}$보다 작으면, 모집단공분산행렬과 모형공분산행렬이 같다는 영가설

$$H_0 : \Sigma = \Sigma(\theta)$$

을 채택하여, 분석한 통계치를 받아들인다. 반대로 측정한 $\chi^2_{calc.}$값이 유의도에 해당하는 기준의 $\chi^2_{crit.}$보다 크면 영가설을 기각하여, 모집단공분산행렬과 모형공분산행렬이 다르다고 평가한다.

이러한 χ^2검정법의 성질은

$$N \cdot F(\theta) \sim \chi^2$$

에서 볼 수 있듯이, 표본의 수인 N에 영향을 많이 받는다는 단점이 있다. 그리하여 모형평가를 할 때에는 $N \cdot F(\theta)$를 χ^2검정통계량으로 하는 χ^2검정법과 함께, 반드시 후술할 GFI나 RMR 등의 평가방법을 병행하여야 한다.

2.4.4.1.2.2. 적합도지수(GFI) 평가

적합도지수(goodness-of-fit index, GFI)는 수집된 자료

에 설정된 표본공분산행렬이 모집단 공분산행렬을 얼마나 정확하게 추청하였는가를 나타내는데, 그 식은

$$GFI = 1 - \frac{F[S, \sum(\hat{\theta})]}{F[S, \sum(0)]}$$

이다. 여기서 F는 합치함수의 값이라는 것을 의미하는데, 완전한 합치할 때의 GFI는 1이 된다. 그리고 이는

$$GFI = 1 - \frac{오차변량}{전체변량}$$

의 의미를 갖는다.

그리고 모형이 자료에 합치된 상태에서 모형공분산행렬과 모집단공분산행렬을 현실적으로 구하기가 힘들기에 대신하는 표본공분산행렬 간의 차이로 계산된 합치함수의 값을 분자로 한다. 또한 모형이 자료에 합치되기 전의 상태인 표본공분산행렬 만으로 계산된 합치함수의 값[116]을 분모로 한다. 검정에 의한 모형평가인 χ^2검정법과는 달리, GFI는 수식에 의한 모형평가는 유의도(예: $\alpha = 0.05$)를 이용하지 아니하고, 일정한 공식에 의해 전체의 적합도를 평가하는 방법이다.

---

116) 모든 모수의 값이 0일 때 계산된 값을 말한다.

GFI는 주어진 모형이 전체자료를 얼마나 잘 설명하여주는가를 나타내는 것으로서, 표본공분산행렬의 분산과 공분산이 모형공분산행렬의 분산과 공분산으로 예측되어지는 정도를 1을 기준으로 표시한 것이라 할 수 있다. GFI는 완전한 합치를 나타내는 1에서 분모에 대한 분자의 비율인 $\frac{F[S, \Sigma(\hat{\theta})]}{F[S, \Sigma(0)]}$ 을 뺀 수치인 것이다[117].

따라서 자료와 설정된 모형 간 합치의 정도를 나타내는 비율인 $\frac{F[S, \Sigma(\hat{\theta})]}{F[S, \Sigma(0)]}$ 의 값이 작아질수록, 모형과 자료가 잘 합치함을 나타낸다. 반대로 비율 $\frac{F[S, \Sigma(\hat{\theta})]}{F[S, \Sigma(0)]}$ 의 값이 커질수록, 모형이 자료에 들어맞지 않음을 나타낸다[118].

만약 오차의 범위(예: 유의도 0.05) 내에서 모집단공분산행렬과 모형공분산행렬이 같다는 영가설인

$$H_0 : \Sigma = \Sigma(\theta)$$

---

117) 그런 면에서 GFI는 회귀분석의 다중상관치(R^2)와 유사한 의미를 가진다고 볼 수 있다. 그리고 분모에 대한 분자의 비율이란 자료와 모형의 합치의 정도를 나태는 비율을 나타낸다.

118) $GFI = 1 - \frac{F[S, \Sigma(\hat{\theta})]}{F[S, \Sigma(0)]}$ 에서 F는 합치함수의 값이라고 했기에, GFI는 자유도에 영향을 받는다.

이 맞다면, GFI는 실제 자료를 제대로 반영하고 있다는 의미에서 그값이 1에 매우 근접하게 된다. 반대로 영가설이 사실과 다르다면, 0에 가까워지게 된다. 보통 GFI의 값이 0.9이상이면 영가설을 받아들인다.

그런데, GFI의 값은 표본크기에 비해 자유도의 영향을 받는 불안정성이 있기에, 복잡한 모형에서는 GFI의 자유도 문제를 해결한 조정적합도지수(adjusted GFI, AGFI)인

$$A\,GFI = 1 - \frac{q(q+1)}{2df}(1 - GFI)$$

를 사용한다[119].

GFI,와 AGFI의 적합도 판정에서는 추정된 값이 0보다 작은 값이 될 수도 있는데, 이 경우는 실제에서 거의 발생하지는 않는다. 그럼에도 GFI,와 AGFI의 적합도 판정에서 음수값을 갖게 되면, 이는 설정된 모형과 수집된 자료가 전혀 합치하지 않다는 의미이다[120].

---

119) 여기서 q는 측정변수의 수, df는 모형의 자유도이다. 이 AGFI 또한 자료와 모형이 같으면 그 값은 1이 되며, AGFI의 값이 0.9 이상이면 좋은 상태라 판단된다.

120) GFI와 AGFI 둘 다 이해하기 쉽다는 장점이 있으나, 표본크기가 작을 때 모형합치를 과소추정할 수 있는 가능성이 발생하는 단점이 있다.

2.4.4.1.2.3. 잔차제곱평균제곱근(RMR) 평가

잔차제곱평균제곱근(root mean square residual: RMR)을 구하는 방법은 아래와 같다.

모형공분산행렬의 영가설은

$$H_0 : \Sigma = \Sigma(\theta)$$

인데, 이를 바꾸면

$$H_0 : \Sigma - \Sigma(\theta) = 0$$

이 된다. 여기서 $[S - \Sigma(\theta)]$은 표본공분산행렬에서 모형공분산행렬을 뺀 잔차행렬(fitted residual matrix)이 된다.

물론 영가설이 맞으면 이 잔차행렬은 모든 원소가 0이 되어 영행렬이 된다. 영가설이 맞아 잔차행렬인 $[S - \Sigma(\theta)]$이 영행렬이 되더라도, 잔차행렬 $[S - \Sigma(\theta)]$에서의 한 원소인 $s_{ij} - \sigma(\theta)_{ij}$은 모두 0이 되지 아니하고, 양수나 음수 또는 0 중 어느 한 값을 갖게 된다[121]. 이런 양수나 음수 또는 0의 값을 갖는 잔차들을 제곱하면, 모든 값이 양수로 변하게

---

121) $s_{ij} - \sigma(\theta)_{ij}$의 값이 +이면 설정된 모형이 작게 예측된 것이며, −이면 크게 예측된 것이다.

된다.

이를 더하면 $\sum\limits_{i=1}^{q}\sum\limits_{j=1}^{i}|s_{ij}-\sigma_{ij}|^2$가 되는데, 이렇게 제곱된 잔차들에서 대각선 이하의 중복되지 않는 잔차들을 모두 더해 평균을 낸다. 여기서 잔차제곱평균제곱근(root mean square residual: RMR)이란 위의 식에 2를 곱하고 제곱근을 씌운 것이다. 즉,

$$RMR = [2\sum_{i=1}^{q}\sum_{j=1}^{i}\frac{(s_{ij}-\sigma_{ij})^2}{q(q+1)}]^{1/2}$$

이다.

RMR값이 0에 가까우면 가까울수록 설정된 모형은 수집된 자료와 잘 합치한다고 할 수 있으며, 보통 RMR이 0.05보다 작으면 우수하다고 판단한다[122]. 그리고 잔차 $s_{ij}-\sigma(\theta)_{ij}$를 표준화시켜 지표를 만들 수도 있는데, 이를 표준화잔차제곱평균제곱근(standardized root mean square residual: SRMR)이라 한다. RMR과 마찬가지로 SRMR 또한 0에 가까울수록 모형합치가 좋다고 판단한다.

---

122) RMR은 편리하고 쉽다는 장점이 있으나, 표본의 크기가 작을수록 그 값이 커지는 단점이 있다.

2.4.4.1.2.4. 근사오차제곱평균제곱근(RMSEA) 평가

지금까지의 영가설은

$$H_0 : \Sigma = \Sigma(\theta)$$

인데, 설정된 모형이 모집단과 동일하다는 영가설은 무리
한 가정이다. 그래서 근사오차제곱평균제곱근(root mean
square error of approximation, RMSEA)을 통한 적합도
방법이 나타났는데, 이 방식은 정확합치 대신에 근사합치
를 검증하는 방법이다. 표본이 큰 연구에서 정확하게 들어
맞지는 않지만 적당하게 들어맞아 리얼리티를 제대로 반
영하고 있는 모형이 엄격한 영가설로 인해 기각되는 경우
가 많이 발생하기에, 이 방식은 정확합치 대신에 근사합치
를 통해 적합도를 판정한다.

이 RMSEA를 구하는 방법은 다음과 같다.

$$\text{RMSEA} = \sqrt{\dfrac{F - \dfrac{df}{N-1}}{df}}$$

위 식에서 $F - \dfrac{df}{N-1}$ 는 설정모형이 얼마나 잘 들어맞는가
를 말하는 것으로서, 합치함수 F[123]에서 모형의 자유도를

표본크기로 교정한 값인 $\dfrac{df}{N-1}$을 뺀 것이다. 일반적으로 RMSEA의 값이 작을수록 설정모형이 자료에 잘 들어맞는 것을 나타낸다. RMSEA이 .1보다 작으면 양호한 상태라고 판단한다[124].

2.4.4.2. 증분적합평가

증분적합평가는 2.4.4.1.1.에서 설명한 영가설과 관계없이, 측정변수 사이에 상관관계가 없는 독립모형(independent model)과 연구자가 도출한 제안모형(proposed model)의 비교를 통한 개선정도를 파악하는 평가방법이다.

2.4.4.2.1. 규준합치지수(NFI) 평가

규준합치지수(normed fit index, NFI)는 자료와 더 잘 합치하도록 모형을 재설정 했을 때 재설정된 제안모형이 구조모형을 어느 정도 감소시키는가를 비율로 표현한 것이다. 편의상 χ^2를 사용하여

---

123) 합치함수 F란 모집단공분산행렬과 모형공분산행렬의 차이를 나타내는 함수를 말한다.

124) RMSEA의 단점은 영가설이 맞을 경우 합치함수의 값은 0이 되기에 분자는 음수값을 갖게 된다는 것이다. 즉, 제곱근 안의 값이 0보다 작은 음수가 나온다는 점이다.

$$NFI = \frac{(\chi_b^2) - (\chi_m^2)}{(\chi_b^2)}$$

로 나타내기도 하지만, 원래는 합치함수 F를 사용하여

$$NFI = \frac{F_b - F_m}{F_b}$$

로 나타내는 것이 원칙이다. 가장 좋은 상태의 모형합치는 F_m의 값이 0이 되는 경우이며, 이렇게 되면 NFI는 1이 된다. NFI가 0.9이상이면 구조모델과 제안모델의 규준합치가 잘 되었다고 판단한다.

NFI는 주어진 자료를 설명할 수 있는 가장 간명한 모형인 구조모형이 갖는 합치함수의 값에서, 구조모형보다는 자료와 더 잘 합치하는 제안모형이 갖는 합치함수의 값을 뺀 것을, 기초모형의 합치함수의 값으로 나누어준 것을 의미한다. 여기서 F_b는 구조모형에서 산출된 합치함수값으로서 구조모형의 최소불편성을 의미하고, F_m은 자료에 더 잘 합치하는 제안모형에서 산출된 합치함수값으로서 제안모형의 최소불편성을 말한다[125].

---

125) 아래첨자 b는 baseline, m은 maintained을 나타낸다.

NFI의 단점은 자유도와 표본크기에 대한 통제가 없다는
것인데, 표본크기와 자유도를 고려해 수정하여 다음과
같이

$$NFI = \frac{F_b - F_m}{Fb - \left[\dfrac{df_m}{(N-1)}\right]}$$

로 표시하기도 한다[126].

2.4.4.2.2. 비교합치지수(CFI) 평가

비교합치지수(comparative fit index, CFI)는

$$CFI = \frac{\delta_m}{\delta_b}$$

로 표시되며, 안 맞는 모형에서 잘 맞는 모형으로 옮겨 가
면서 비중심모수가 어떻게 향상되어 가는지를 평가하는
방법이다.

제안모형이 독립모형에 안 맞는다면, χ^2는 비중심 χ^2를 따
르게 된다. 설정모형이 틀릴수록 비중심모수(noncentrality

---

126) 이에 대하여, χ^2를 사용해 $NFI = \dfrac{\chi_b^2 - \chi_m^2}{\chi_b^2 - df_m}$로 표시하기도 한다.

parameter)인 δ가 커지게 되어 비중심 χ^2분포가 되지만, 설정모형이 맞으면 중심 χ^2분포가 된다. 이 두 분포간의 차이는 비중심모수 δ에 의해 결정되는 것이다[127]. 설정모형과 기초모형의 비중심 모수 δ가 같으면, CFI의 값이 1이 된다. CFI의 값이 1에 가까우면 설정모형이 자료에 잘 들어맞음을 나타내며, CFI의 값이 0.9보다 크면 모형합치가 좋다고 판단한다.

---

127) 여기서 비중심모수 δ는 $\delta = (N-1)(F - \dfrac{df}{N-1})$이다.

참 조

김계수 (2004), 95−223;

김계수 (2006), 213−228;

노형진 (2003), 179−255;

Duncan, O. D. (1994), 25−43;

박광배 (2004), 127−229;

여운승 (2006), 721−843;

이기종 (2005), 7−401;

이훈영 (2010), 565−677;

임종원 편 (1996), 344−346;

차석빈 외 (2008), 409−433;

채서일 (2005), 541−565;

Backhaus/ Erichson/ Plinke/ Weiber (1990), 221−316;

Duncan, O. D. (1994), 25−43;

Jöreskog/ Sörbom (1989), 1−32;

Jöreskog/ Sörbom (1993), 133−159;

Lattin/ Carroll/ Green (2003), 171−205, 352−385;

Tabachnick/ Fidel (2007), 676−780.

국 문

강병서 (2005), "다변량통계학", 한경사;

강병서/ 정혜영 (2005), "경영·경제수학", 무역경영사.

계승혁/ 김영원 (2007), "기초복소해석", 서울대학교 출판부.

김계수 (2004), "AMOS 구조방정식 모형분석", SPSS아카데미.

김계수 (2006), "인과분석 연구방법론 - 성공적인 논문작성을
    위한 Amos/ Lisrel 이용", 청람.

김관수 외 (2009), "행렬과 벡터", 북스힐.

김광웅 (1987), "사회과학 연구방법론", 박영사.

김기영/ 전명식 (2002), "다변량 통계자료분석", 자유아카데미.

김두섭/ 강남준 (2000), "회귀분석", 나남출판.

김명직/ 징국현 (2003), "금융 시계열분석", 경문사.

김병천 (2004), "통계학을 위한 행렬대수학", 자유아카데미.

김수택 (2009), "통계학을 위한 미적분과 행렬대수", 자유아카데미,

김재희 (2008), "다변량 통계분석 - SAS를 이용한", 교문사.

김종호/ 김주환/ 이기성 (2008), "확률론 입문", 교우사.

김해경/ 김태수 (2003), "시계열분석과 예측이론", 경문사.

노형진 (2003), "SPSS - Amos에 의한 사회조사분석", 형설출판사.

노형진 (2007), "SPSS에 의한 다변량데이터의 통계분석", 효산.

박광배 (2004), "다변량분석", 학지사.

박광배 (2007), "범주변인분석", 학지사.

박성현 (2007), "회귀분석", 민영사.

박정민/ 나상균/ 정호일 (2006), "SPSS 13.0을 활용한 통계자료분석", 법문사.

박준용/ 장유순/ 한상범 (2005), "경제 시계열분석", 경문사.

성웅현 (2008), "응용 다변량분석", 탐진;

신기일 (2005), "시계열분석", 교문사.

안상형/ 이명호 (1994), "현대통계학", 학현사.

안승철/ 이재원/ 최원 (2006), "수리통계학의 이해", 교문사.

여운승 (2006), "다변량 행동조사 – 사회과학과 마케팅을 위한", 민영사.

오택섭 (1984), "사회과학 데이터분석법", 나남.

유동선 (2000), "통계학해법 대사전", 교우사.

윤기중 (1981), "수리통계학", 박영사,

이경일/ 박종규 (1993), "다차원척도법과 컨조인트분석의 활용과 결과해석", 홍릉과학출판사.

이기종 (2005), "구조방정식 모형", 국민대학교 출판부.

이덕기 (1999), "예측방법의 이해", SPSS 아카데미.

이성우/ 민성희/ 박지영/ 윤성도 (2005), "로짓·프라빗 모형 응용", 박영사.

이영준 (1993), "다변량분석", 석정.

이외숙 (2008), "확률과정론 입문", 경문사.

이종원 (1994), "경영경제통계학", 박영사.

이학식/ 임지훈 (2008), "SPSS 14.0 매뉴얼", 법문사.

이훈영 (2010), "연구조사방법론 – 이훈영교수의", 청람.

임종원 (1981), "통계학원론", 무역경영사.

임종원 편 (1996), "마케팅조사 이렇게", 법문사.

장익진 (1998), "다차원척도분석법", 연암사.

전재복/ 김병학 (2002), "응용벡터해석학 – 공학이공계 학생을 위한", 경문사.

전종우/ 손건태 (2005), "확률의 개념 및 응용", 자유아카데미.

전중 풍/ 협수화창 (1995), "다변량통계 해석법 (역: 김관영/ 이승수)", 자유아카데미.

정충영/최이규 (1997), "SPSSWIN을 이용한 통계분석", 무역경영사.

정필권 (2009), "경제수학", 법문사.

조규진 (2011), "조사방법통계 – 정규분포와 관련하여", 두남.

차석빈 외 (2008), "사례를 통해 본 다변량분석의 이해, 백산출판사.

채서일 (2005), "마케팅조사론", B & M books.

최용석 (1995), "SAS 다차원척도법", 자유아카데미.

허명회 (2005), "다변량자료분석 – 사회과학을 위한", 자유아카데미.

허명회/ 양경숙 (1991), "SPSS 다변량자료분석", 한나래(SPSS 아카데미).

홍종선 (2006), "추정과 가설검정", 자유아카데미.

황규범 외 (2009), "미분방정식", 북스힐.

황규범/ 이시창/ 박석봉/ 강정홍 (2009), "미분방정식", 북스힐.

Agresti, A. (2009), "범주형 자료분석 개론(역: 박태성/ 이승연), 자유아카데미.

Bauer, E. (2003), "국제마케팅조사론(역: 차수련)", 삼영사.

Brown−Ruel/ Churchill (2009), "복소함수론과 그 응용(역: 허민)",
경문사.

Chiang/ Wainwright (2009), "경제·경영수학 길잡이(역: 정기준/
이성순)", 지필.

Duncan, O. D. (1994), "구조방정식 모형의 이해 (역: 차종천/장
상수)", 나남출판.

Giordano/ Weir/ Finney (2005), "미분적분학 (역: 미분적분학 교
재편찬위원회)", 북스힐.

Gujarati/ Porter (2009), "계량경제학 (역: 박완규/ 홍성규)", 지필.

Hogg/ Tanis (2006), "수리통계학 (역: 백장선/ 손영숙)", 자유아카
데미,

Stigler, S. M. (1986), "통계학의 역사 (역: 조재근)", 한길사.

영 문

Backhaus/ Erichson/ Plinke/ Weiber (1990), "Multivariate Analyse
− methoden", Springer−Lehrbuch.

Barnet/ Ziegler/ Byleen (2008), "Precalculus", McGraw Hill.

Berenson/ Levine/ Krehbiel (2004), "Basic Business Statistics",
Prentice Hill.

Bortz, J. (1985), "Lehrbuch der Statistik für Sozialwissenschaftler",

Springer—Verlag.

Churchill/ Iacobucci (2002), "Marketing Research", South—Western.

Cooper/ Schindler (2011), "Business Research Methods", McGraw Hill.

DeGroot/ Schervish (2008), "Probability and Statistics", Pearson.

Dichtl/ Schobert (1979), "Mehrdimensionale Skahlierung", Verlag Vahlen.

Field, A. (2009), "Discovering Statistics using SPSS", Sage.

Gilchrist, W. (1978), "Statistical forecasting", Wiley.

Green/ Tool (1982), "Methoden und Techniken der marketing Forschung (übers.: Köhler, v. R.)", C.E. Poeschel Verlag.

Groebner/ Shannon/ Fry/ Smith (2001), "Business Statistics", Prentice Hill.

Guilford, J. P. (1978), "Psychometric Methods", Tata McGraw— Hill.

Hagen, F. E. (2000), "Research Methods in Criminal Justice and Criminology", Allyn & Bacon.

Hair/ Bush/ Ortinau (2000), "Marketing Research", McGraw—Hill.

Hartung, J. (1987), "Statistik", Oldenbourg.

Hill/ Griffiths/ Lim (2008), "Principles of Econometrics", Wiley.

Hogg/ Craig (1978), "Introduction to mathematical statistics", Collier Macmillan , 109—117 ;

Johnston, J. (1972), "Econometric methods", McGraw—Hill.

Jöreskog/ Sörbom (1989), "LISREL 7: User's reference guide",

Scientific Software Inc..

Jöreskog/ Sörbom (1993), "LISREL 8", Scientific Software Inc..

Kohler, H. (2002), "Statistics for Business and Economics", South−Western.

Lang, S. (1968), "Calculus", Addison Wesley.

Lattin/ Carroll/ Green (2003), "Analyzing Multivariate Data", Thomson.

Malhotra, N. K. (2007), "Marketing Research", Pearson Education.

McQuarrie, D. A. (2000), "Statistical Mechanics", University Science Books.

Minium, E. W. (1978), "Statistical Reason in Psychology and Education", John Wiley & Sons.

Nie/ Hull/ Jenkins/ Steinbrenner/ Bent (1970), "SPSS", McGraw−Hill.

Neter/ Wassermann (1974), "Applied Linear Statistical Models", Irwin.

Norusis, M. J. (1986), "SPSS/ PC+", SPSS Inc..

Norusis, M. J. (1994), "SPSS: Advanced Statistics 6.1", SPSS Inc..

Pindyck/ Rubinfeld (1998), "Econometric Models and Economic Forecast", McGraw Hill.

Smith/ Minton (2007), "Calculus", McGraw−Hill.

Spiegel, M.R. (1983), "Statistik (übers.: Krämer, H.M.)", McGraw−Hill, Frankfurt.

Tabachnick/ Fidel (2007), "Using Multivariate Statistics", Pearson.

Trivedi, K. S. (2002), "Probability and Statistics with Reliability,

Queuing and Computer Science Applications", Wiley.

Wackerly/ Mendelhall/ Scheaffer (2008), "Mathematical statistics", Thomson.

William W. S. Wei (2006), "Time Series Analysis", Pearson.

Zigmund, W. G. (2000), "Exploring Marketing Research", Dryden.

색 인

국 문

영 문

저 / 자 / 소 / 개

조규진(曺圭珍, Gyue-Jin Joe)

- 서울대학교 경영대학 졸업(경영학사)
- 서울대학교 대학원 경영학과 졸업(경영학석사)
- 독일 쾰른대학교 대학원 경영학과 졸업(경영학박사)
- 광운대학교 교수
- 이메일: joe5326@kw.ac.kr

오차의 조사방법 –LISREL 포함

초판인쇄	2016년 2월 1일
초판발행	2016년 2월 10일
지은이	조규진
펴낸이	안종만
기획/마케팅	이영조
표지디자인	조아라
제 작	우인도·고철민
펴낸곳	(주) 박영사
	서울특별시 종로구 새문안로3길 36, 1601
	등록 1959. 3. 11. 제300-1959-1호(倫)
전 화	02)733-6771
f a x	02)736-4818
e-mail	pys@pybook.co.kr
homepage	www.pybook.co.kr
ISBN	979-11-303-0295-9 93310

정 가   10,000원